내 아이
크게 멀리보고
가르쳐라

내 아이, 크게 멀리 보고 가르쳐라

1판 1쇄 인쇄 _ 2008년 7월 15일
1판 1쇄 발행 _ 2008년 7월 25일

지은이 _ 문용린
발행인 _ 문정신
발행처 _ 북스넛
등록 _ 제1-3095호
주소 _ 서울시 마포구 성산동 112-7 예건빌딩 3층
전화 _ 02-325-2505
팩스 _ 02-325-2506

ISBN 978-89-91186-47-7 03590

내 아이 크게 멀리 보고 가르쳐라

| 문용린 지음 |

북스넛
Booksnut

아이에게 마음의 능력을 키워주어라

문용린(서울대 교육학과 교수)

30년간 교육에 종사하면서 그간 만난 부모들로부터 들어온 자녀교육에 대한 의문의 핵심은 이런 것이다.

"어릴 적에 공부 하나는 똑 소리나게 했던 아이들이 훗날 정작 자신이 원하는 분야에서 행복한 인생을 살지 못하는 경우가 왜 이렇게 많은가?"

원인을 어디에서 찾든 교육자이자 부모로서 그 책임을 느끼지 않을 수 없는 말이다. 우리 교육의 가변적 상황은 예나 지금이나 크게 달라 보이지 않지만, 오직 공부에만 매달리게 만드는 여건에 이제야말로 부모 스스로가 제동을 걸어야 할 때가 온 듯하다. 물론 '지식' 위주의 교육은 서양이라고 별반 다를 바 없었지만, 역사의 흐름을 바꾸거나 획을 그을 만한 창조적 인물이나 거장들은 오히려 지식 중심의 교육에서 상당히 떨어져 있었음을 볼 수 있기 때문이다.

풍비박산의 위험에 처한 민족을 그러모아 나라를 위기에서 건져올리며 최고의 리더십을 발휘한 김구 선생이 그러했고, 어린 나이에 자신의 아버지가 뒤주에 갇혀 죽는 시련을 당하고도 조선의 다른 어떤 왕보다도 인간평등에 기초한 인정을 펼친 정조 이산 역시 '머리 능력'보다 '마음 능력'의 실천가들이었다.

그렇게 거슬러 올라가지 않아도 요즘 이른바 신천재로 거론되는 젊은이들로서 김연아와 박태환의 경우만 보더라도, 목표를 달성했을 때의 기쁨을 위해 그토록 고된 훈련을 견뎌내고 오직 자신의 길에 집중하는 능력은 다름 아닌 마음의 능력이라는 설명을 피할 수 없게 만든다.

머리에서 마음으로

심리학의 긴 역사 중에서 20세기 후반에 들어 이룩한 큰 성과는 두 가지였는데, 하나는 정서와 감정을 능력의 개념으로 보기 시작한 것이었고, 다른 하나는 부정적 심리(우울증, 이상성격)에 대한 집착으로부터 긍정적 심리(행복, 몰입)에로 시선을 돌리기 시작했다는 점이다. 정서 지능 이론(Emotional Intelligence:EI)과 긍정 심리학(Positive Psychology)의 대두가 바로 그 징표이다. 두 이론의 공통점은 정서, 감정, 느낌, 신념, 성격 등의 비인지적 또는 비이성적인 심리적 특징에 관심을 갖는다는 것이고, 이런 심리적 특징을 일시적 심리상태로 보지 않고 일관성 있는 능력(competence)과 기능(skill)으로 바라본다는 점이다.

전통적으로 사람의 능력은 신체적 능력과 지적 능력의 두 가지로만 구분되어 왔다. 이런 양대 구분 속에서 감정과 정서는 특징으로는 이야기되어 왔지만, 능력이라는 범주 속에 끼지는 못했다. 오직 신체적 능력이나 지적인 능력을 키우기 위해서 온갖 교육과 훈련 프로그램이 고안되고 활용되었는데, 그것이 바로 교육학의 역사이기도 하다.

오늘날에도 이 두 가지 측면의 능력과 기능을 키우기 위해서 많은 사람들이 부단히 노력하고 있다. 감정과 정서, 느낌과 신념, 그리고 성격을 위한 교육 프로그램은 상대적으로 덜 관심을 받고 있는 것이다. 예컨대 국어, 영어, 수학, 과학 등은 지식과 기능이라는 점에서 많은 주목과 관심을 받지만, 감정과 정서, 성격을 가르치기 위한 교육은 여전히 외면당하거나 무관심의 영역으로 남아 있다.

그런 관심의 편중 결과로 현대사회는 지식과 기술은 크게 발달해 왔는지 몰라도, 세련되고 풍부한 감성과 정서, 옳고 바른 성격과 도덕성, 뜨거운 정의감과 헌신 태도, 더불어 사는 행복 등은 별로 발달해온 것 같지 않다. 이른바 이성에 입각한 지식과 기능의 학습은 열광적으로 이루어지고 있지만, 감정을 다스리고 좋은 성격을 지니게 하여 어른이 되었을 때 혹시 겪을지도 모르는 인생의 크고 작은 어려움들을 더 쉽게 극복하게 해주는 정서적인 특성을 갖추기 위한 노력은 그렇지 못하다. 그러나 아이가 한 살이라도 더 어릴 때 부모가 마음 다루는 지혜를 충분히 가르쳐주지 못하면, 어른이 되어서도 조그만 역경이나 곤란에 쉽게 좌절해버리거나 굴복해버리는 성향을 지니게 된다. 그 결과로 인한 정신적, 물질적 뒤처짐은 결국 아이가 자신의 인생에서 고스란히 짊어져야 할 고통스러운 몫이 될 수밖에 없다.

자녀의 인생을 더 멀리 내다보라

그렇다면 지금 이 시점에서 우리 부모들은 자녀를 어떤 태도로 키워야 하는 것일까? 필자는 '마음의 능력'을 키워주는 교육을 하루라도 빨리 시작하라는 메시지를 전하고 싶다. 마음의 능력이란 이성적 능력과 대비되는 말이다. 기억, 지각, 계산, 추리, 언어 능력이 이성의 능력이라고 한다면, 마음의 능력은 감정과 정서와 관련된 능력이다. 잘 참는 능력은 인내심이고, 힘든 일을 잘 견뎌내는 능력은 지구력이며, 흥분된 감정의 표현을 자제하는 능력은 충동 억제력이다. 유혹에 대한 저항력으로 만족을 지연시켜 결국 더 큰 만족을 성취하는 능력은 만족지연 능력이다. 이런 능력들은 이성의 능력이라기보다 절대적으로 마음의 능력에 속한다.

이런 마음의 능력을 최근의 심리학자들은 정서 지능이라고 부른다. IQ(Intelligence Quotient)와 대비되는 개념으로 EQ(Emotional Quotient) 라고도 부르곤 했는데, 요즘 EQ란 말보다는 EI(Emotional Intelligence), 즉 정서 지능이란 말을 많이 쓰고 있다. IQ가 언제나 점수를 연상시키듯이, EQ도 숫자로 표시된 점수를 연상시킬 우려가 있기 때문이다. 그래서 정서 지능 전문가들은 EQ라는 용어를 별로 달가워하지 않는다. 왜냐하면 EI, 즉 정서 지능은 숫자로 표시될 수 있는 그런 단일한 능력이 아니기 때문이다.

이 책은 그러한 정서 지능이라는 마음의 능력을 부모가 꼭 알아야 할 교육적 관점에서 설명한 책이다. 이 책이 갖는 주된 특징은 두 가지다. 하나는 지난 10여 년간 이루어진 정서 지능 이론에 대한 연구결과와 변화의 내용을 충실하게 반영했다는 점이고, 다른 하나는 정서 지능을 어떻게 증진시키고 개선할 것인가 하는 교육적 관심을 충족시키기 위해 노력했다는 점이다. 즉 마음의 능력으로서의 정서 지능을 설명하면서 자녀교육에 있어 부모가 실천해야 할 역할에 주안점을 두었다.

아울러 좀 더 과학적이고 실제적으로 정서 지능을 개선하고 발달시키고 싶다면 이 분야의 전문가인 곽윤정 교수가 개발한 〈어린이를 위한 정서 지능 다이어리〉와 〈부모를 위한 정서 지능 다이어리〉가 부모와 아이의 체계적인 정서 개발에 적잖은 도움을 줄 것으로 확신한다.

이 책이 완성되는 데는 여러 사람들의 도움이 불가피했다. 우리나라 정서 지능 연구의 본산인 서울대 도덕심리연구실의 EI연구팀에게 먼저 가장 큰 감사를 드리고 싶고, 다음은 국제뇌교육종합대학원대학교의 곽윤정 교수이다. 곽윤정 교수가 꼼꼼하게 챙겨준 덕분에 이 책이 세상의 빛을 볼 수 있었음을 잘 알기에 다시 한 번 감사의 말을 전하고자 한다. 다음은 이 책의 출판을 기꺼이 맡아준 북스넛이다. 북스넛의 열정과 집요함 덕분에 출판이 가능했기 때문이다. 여러분들께 진심으로 감사를 전하는 바이다.

2008년 7월

서울대 관악산 연구실에서

이우(以愚) 문용린

| 차례 |

1장
크게 멀리 보고 가르쳐라

2장

최고가 된 사람들의 정서 능력

3장

마음을 다루는 지혜, '정서 지능' 측정법

4장

정서 능력을 키우면 인생이 달라진다

5장

정서 능력을 높이기 위한 5가지 전략

정서 지능 교육 프로그램

1장

크게 멀리 보고 가르쳐라

미래는 정서 지능의 시대다 | 이제 '머리'가 아닌 '마음'이다 | IQ는 인생을 보장해주지 못한다 | 똑똑한 바보로 만들지 마라 | 부모가 정서 지능의 위력을 깨달아라 | 정서 지능의 출발점은 두뇌다 | 정서 지능이 높은 아이 VS 정서 지능이 낮은 아이

미래는 정서 지능의 시대다

산업혁명 이후 서양에서는 머리 좋은 사람들만 대접을 받았다. 정책적으로 국익을 위해서는 뛰어난 두뇌 집단이 필요했기 때문이다. 지식인이란 IQ가 높은, 즉 이성 능력이 뛰어난 사람을 뜻했다. 따라서 산업혁명 이후로 250여 년 동안이나 합리적인 이성만이 대접받고 인간의 감성 부분은 계속 무시를 당해왔던 것이다.

그러나 삶의 변화가 줄기차게 강조되고 있는 지금, 삶은 양이 아닌 질의 문제라는 데 거의 모든 사람들이 동의하기 시작했다. 이제야 비로소 이성적인 똑똑함이나 경제적인 부, 국력만이 인간의 삶을 행복하게 만드는 것은 아니라는 사실을 깨닫고 삶의 질 쪽으로 방향이 전환되고 있는 것이다.

그렇다면 삶의 질에 가장 중요한 요건은 무엇일까. 그것은 다름 아닌 인생에서 느끼는 행복이며, 그와 더불어 공동체적인 감정을 나누며 사는 일이다. 지금에 이르러 삶의 질적인 측면으로서 정서의 영역이 새롭게 강조되고 있는 것은 이 때문이다. 그리고 바로 그 정서 영역의 바로미터가 되는 정서 지능 개념은 어느 날 불쑥 만들어진 것이 아니다.

그동안 지나치게 합리적이고 냉철한 이성을 가진 인간을 강조해온 데 대한 반동으로 한때는 히피가 유행했다. 사실 히피는 일종의 이성화된 사회에 대한 극단적인 거부였다. 히피가 유행한 1950년대부터 이미 우리들은 합리적이고 냉철한 이성으로만 사는 삶에 대한 비합리성을 느끼기 시작했던 것이다. 따라서 인간다운 정서와 행동을 강조하는 경향은 이미 수십여 년 전부터 성숙되어 왔다고 할 수 있다.

우리들은 교육을 이야기할 때면 늘 전인교육을 강조한다. 요즘 말로 하면 인성교육이다. 그것을 보면 지금의 이러한 양상도 문명사적인 흐름과 깊은 연관이 있다는 생각이 든다. 인간과 인간의 관계에 있어서 이익과 손해만을 따지는 삭막한 세상이 아니라, 감성이 풍부하고 느낌의 세계가 존재하는, 그래서 서로의 정서를 함께 느끼고 사람과 사람 사이의 만남을 통한 감정의 교류를 강조하는 시대적인 분위기와 연루되어 있는 것이다.

지난 250년 동안 강조해온 이성은 자연과학과 논리수학적인 학문을 수행하는 데 가장 중요한 무기가 되었다. 서양을 지배했던 합리주의가 그것이다. 지금도 서양을 지배하고 있는 가장 중요한 가치는 합리주의 정신이다.

그러나 동양사회는 다르다. 이성 중심의 사회가 아니라 덕과 지혜를 중시하는 감성 중심의 사회였다. 서양에서는 총독부 관리를 뽑을 때

법을 잘 아는지, 지식은 얼마나 되는지 알아보기 위해 시험을 치렀다. 우리 동양에서는 한국이나 중국, 일본의 경우 관리를 뽑을 때 법에 관련된 시험을 보지 않았다. 자연과학, 수학 시험을 치르지 않았다. 어사 박문수가 경국대전 시험을 치르고 장원 급제해서 관리가 된 것이 아니다. 시문을 썼다. 시 한 편을 썼을 뿐이다.

시험관은 시를 쓸 줄 아는 사람이면 사람이 됐다고 판단했고, 어디에 내놓아도 백성들의 사정을 헤아려 올바른 정치를 펼치겠다 싶은 사람을 관리로 뽑았다. 시나 글을 보고 그 사람의 판단력을 믿었으며, 정신적인 능력을 믿어 관료를 시켰던 것이다. 이것이 동양과 서양의 커다란 차이이다.

그런데 합리주의 정신에 기반한 과학 정신, 과학 정신에 기반한 경제 발전으로 1900년대 초부터 동양이 서양의 문명에 밀리기 시작한다. 한국도 20세기에 들어서면서부터 곧바로 이성 능력을 중시하는 사회로 변모하기에 이른다.

1900년도 초반부터는 학교에서도 이른바 국산사자음미체(국어, 산수, 사회, 자연, 음악, 미술, 체육)를 가르쳤다. 덕을 가르치고 정신 수양을 가르치지 않았다. 지식과 이성적인 능력을 가르쳤다. 과학 정신, 합리적인 사고를 강조했다. 그러다 보니 아이들은 이른바 따지고 셈하는 능력만을 습득하게 되었다. 이는 정신 수양이나 자신의 감정을 다스리는 것과는 아무런 상관도 없는 과목들이었다.

그렇게 우리 사회는 100여 년 동안을 IQ에서 강조하는 이성 능력, 요컨대 기억력, 추리력, 언어 능력, 공간 지각력 같은 살아가는 데 꼭 필요한 기술과 관련된 지식만을 강조해왔다. 이렇게 강조점이 달라지

자 사람과 사람이 더불어 함께 사는 방법들은 아주 퇴보를 해버렸다. 결국 우리들이 잘 살자고 하는 의미는 의식주의 해결, 즉 물질적인 요소 쪽으로만 기울어버린 것이다.

진정으로 잘 사는 것을 의미하는 삶의 질은 잘 먹고 잘 자고 잘 입는다고 해서 해결되지 않는다. 우리는 지난 세월 동안 상당 부분 잊어버리고 산 것이 있다. 못 먹고 못 살아도 친구 사이에 서로를 위하는 깊은 우정, 부모와 자식 사이의 깊은 인간적인 만남 그리고 모르는 사람끼리도 서로 믿고 이해하고 위해주는 아름다움과 가치로움 등 말이다. 그 망각의 결과 신문의 사회면을 가득 채우고 있는 상상조차 하기 싫은 흉포한 사건과 범죄가 만연하기에 이르렀다.

정서 지능의 개념이 주목받기 시작한 것은 근래에 들어서이다. 그러나 정서 또는 감성이 인간의 삶에 큰 영향을 미친다는 인식은 상당히 오래 전부터 있었다. 따라서 단지 정서 지능에 대한 체계적 접근과 정당한 자리매김이 이제야 이뤄지고 있다고 보아야 한다.

정서는 이성보다 훨씬 더 근원적이며 더 포괄적이며 더 강력한 힘을 갖는다. 뇌기능의 진화 과정을 보아도 이성을 맡는 부분보다는 정서를 담당하는 부분이 먼저 나타난다. 그렇다면 왜 새삼 요즘 들어서 정서의 중요성이 부각되고 있는 것일까.

20세기는 한 마디로 이성적 지능, 즉 IQ의 시대였다. 최초의 지능검사는 금세기 초인 1905년 프랑스의 심리학자이자 정신과 의사인 알프레드 비네(Alfred Binet, 1857~1911)에 의해 개발되었는데, 그 의도는 초등학교 교육을 제대로 받을 수 있는 학생과 그렇지 못한 학생을 가급적 초등학교 입학 전에 미리 가려낼 생각에서였다.

이렇게 '비교육적인' 의도를 지닌 지능검사는 미국으로 건너가 1916년 '스탠포드-비네 지능검사'로 변형되었고, 그것이 우리나라에 전해져 수십 년 동안 엄청난 위력을 발휘해온 것이다. 그런데 문제는 지능지수 자체의 약점들은 차치하고라도 지능지수가 높다고 해서 사회적으로 훌륭한 삶을 살아가는 사람이 되지는 못한다는 사실이 여기저기서 드러나기 시작했다는 점이다.

학습의 영역에서 지능지수의 예언력은 40퍼센트 정도이며, 사회적 성공에 대한 설명력은 더욱 낮아서 20퍼센트에 불과한 것으로 알려져 있다. '학교의 우등생이 사회에서는 열등생'이라는 말은 필자가 어린 시절부터 자주 듣던 말이지만, 아직도 사라지지 않고 있다. 바로 지능지수의 한계를 단적으로 지적한 말이라 하겠다.

이러한 한계에 대한 하나의 대안으로 제시된 것이 바로 마음의 능력, 즉 정서 지능(Emotional Intelligence) 개념이다. 실제로 대니얼 골먼(Daniel Goleman)은 자신의 저서인 『정서 지능』에서 그 책의 집필 목적이 "똑똑하다는 것이 무엇을 의미하는지를 재(再)정의하려는 것"이라고 말하고 있다. 학교에서 1등인 아이가 사회에서는 왜 성공하지 못하는가의 문제는 기존의 지능 개념(IQ)으로는 도저히 설명이 불가능하다고 보았기 때문이다.

100년 가까이 천수를 누린 전통적이 지능 개념에 반기를 든 또 하나의 사례는 하버드대학의 심리학자인 하워드 가드너(Howard Gardner)가 제시한 다중지능(多重知能, MI : Multiple Intelligence)의 개념이다. 인간의 지능을 다차원적으로 본 그는 지능을 단일하고 불변적인 것으로 보는 기존의 개념을 비판한다. 그의 주장에 의하면 인간에게는 언어 지능, 음악 지능, 논리수학 지능, 공간 지능, 신체운동 지능, 인간친화 지능, 자아성찰 지능, 자연 지능 등 여덟 가지의 서로 다른 지적 능력이 있다고 한다.

가드너에 의하면 8가지 지적 능력 중 각 사람마다 더 뛰어난 지능이 있는가 하면, 그렇지 않은 지능도 있다. 그중 인간친화 지능은 타인의 감정을 읽고 감정이입을 할 수 있는 능력을 말한다. 자기성찰 지능은 자기 자신의 감정을 인식할 수 있는 능력이다. 이 두 가지는 물론 정서 지능의 범주에 해당한다.

이런 식으로 접근해보면 종래의 생각처럼 단 한 가지의 지능이 삶의 성공을 결정짓는 것은 아님을 분명히 알 수가 있다. 그리고 교육이 아동의 성장과 발달에 기여할 수 있다면 그것은 바로 아동들로 하여금 각자의 고유한 재능을 제대로 찾아내어 발휘될 수 있도록 돕는 일임을 알 수 있다.

기존의 지능 개념처럼 아동의 무한하고 다양한 잠재 능력을 한정된 영역과 제한된 시간 내에 측정하고 수치화하여 낙인찍음으로써 교육적으로 전혀 도움이 되지 않는 열등감이나 우월감을 심어주는 잘못은 이제 더 이상 범하지 말아야 한다.

IQ보다 정서 지능을 더 선호하게 된 또 한 가지 이유로서 앞에서 언급한 산업사회의 요구 및 필요의 변화를 들 수 있다. 금세기 내내 지속된 급속한 산업화로 지금까지는 경쟁에 바탕을 둔 양적 성장이 지상과제로 추구되었다. 하지만 이제는 질적 성숙의 단계로 접어들고 있다. 경쟁(Competition)의 한 시대가 가고 협동(Cooperation)과 공존의 새 시대가 도래했다. 즉 혼자 똑똑하여 남보다 앞서가기보다는 타인과 협력하고 공동체 전체의 복리를 고려할 줄 아는 사람이나 기업이 성공하는 시대가 온 것이다. 최근 개인 차원의 능력이나 지식보다는 인성과 인간관계를 중시하는 쪽으로 기업체의 사원채용 방식이 변하고 있는 것은 이런 사실을 반영한다. 이러한 변화는 자기보다는 남을, 자기 회사만의 이익보다는 사회 전체의 이익을 더 중시하는 것이 결국 자신과 회사의 이익에도 보탬이 된다는 인식의 변화를 바탕으로 하고 있다.

20세기가 '혼자서 가는' 시대였다면 21세기는 '더불어 함께 나아가는' 공생의 시대이다. 이러한 공생의 시대에 걸맞은 자녀교육을 위해 이제 부모와 사회, 국가가 모두 나서야 할 때가 되었다.

Tip

- 급속한 산업화로 지금까지는 경쟁에 바탕을 둔 양적 성장이 지상의 과제로 추구되었다. 하지만 이제는 질적 성숙의 단계로 접어들고 있다.
- 정서는 이성보다 훨씬 더 근원적이며 더 포괄적이며 더 강력한 힘을 갖는다. 뇌기능의 진화 과정을 보아도 이성을 맡은 부분보다는 정서를 담당하는 부분이 먼저 나타난다.
- 기존의 지능 개념처럼 아동의 무한하고 다양한 잠재 능력을 한정된 영역과 제한된 시간 내에 측정하고 수치화하여 낙인찍어 열등감이나 우월감만 심어주는 잘못은 이제 더 이상 범하지 말아야 한다.

이제 '머리'가 아닌 '마음'이다

학부모들이 종종 내게 이런 질문을 한다.

"인성 교육이 정서교육이 아닙니까?"

또 어떤 사람은 '한국인=정서적인 민족'이라는 등식을 들이대면서 '우리나라만큼 정서적인 민족이 없는데 새삼 무슨 정서 지능이냐'며 교육학, 사회학 전반에 걸쳐 불어닥친 정서 지능이란 말에 강한 의구심을 표시하는 사람도 있다.

그러나 여기서 질문자들이 말하는 '정서'란 그 민족에 나타나는 정서성(Emotionality)을 의미한다. 그 민족 고유의 정서성이라고 말한다면 정서적이지 않은 민족은 없다. 다만 정서의 방향과 기질이 다를 뿐이다. 우리는 독일인의 기질과 이탈리아인의 기질, 프랑스인의 기질과 중국인의 기질이 각기 다르다는 사실을 익히 알고 있다.

그렇다면 정서 지능이란 무엇일까?

정서 지능은 이성 능력인 사고 능력, 즉 기억력, 계산력, 추리력 등을 발휘하게 하거나 또는 그런 능력을 억압하고 제한하기도 하는 감성 능력을 말한다. 인간에게는 신비한 메커니즘이 있어서 기억력이 아무리 출중해도 기억하겠다는 의식적인 의지와 감정이 없이는 기억 행위가 일어나지 않는다. 머리가 좋은 것과 실질적인 삶과 연관되는 의지와 감정은 서로 다른 능력이다. 이렇게 다른 능력을 종합하고 조화시켜 발휘하게 하는 능력이 곧 정서 지능이다.

인간이라면 누구나 정서적인 삶을 산다. 사람의 정서는 대략 7가지로 분류되는데 희로애락애오욕(喜怒哀樂愛惡慾), 즉 기쁘고, 노하고, 슬프고, 즐겁고, 사랑하고, 싫어하고, 욕심을 내는 감정을 말한다. 인간은 순간순간 부딪혀오는 상황에 따라 각기 다른 감정에 빠져든다. 분통이 터지는가 하면 공포감에 사로잡힌다. 한없이 기쁘고 즐겁다가도 벼랑 끝에 선 듯한 절망감을 느끼기도 한다. 또 스스로 가눌 수 없는 깊은 슬픔에 빠져들기도 한다.

문제는 이렇게 자연스럽게 나타나고 사라지는 감정, 즉 정서를 어떻게 훈련하고 적절하게 관리하며 표현하는가이다. 누구나 감정을 느끼고 감정이 사라지기도 하지만, 감정을 다루고 현명하게 사용할 줄 아는 것은 명백히 능력이라고 볼 수 있다. 감정 자체와 별도로 감정을 조절하는 능력은 판단하고 사고하는 인지적인 능력에 포함된다. 결국 정서 지능은 지적인 능력이라고 볼 수 있는 것이다.

쉽게 예를 들어 설명해보자. '화가 난다'는 것은 정서 자체이다. 그러나 모든 사람들이 화가 난다고 해서 그대로 자신의 감정을 폭발시켜

버린다면? 요즘 신문 사회면에 실리는 사건들처럼 자신의 감정을 참을 수 없다는 이유만으로 푹푹 사람을 찔러 죽인다면? 이러한 자에게는 '정서 지능이 낮은 자'라는 표현도 너무 과분하다. '정서문맹자'가 그에 대한 올바른 평가일 것이다.

그렇다면 인간으로서 당연히 갖추어야 할 인간다움을 왜 정서 지능이라는 말로 개념화시키고 교육으로 강화하게 되었을까? 인류가 산업문명의 시대로 들어서면서 물질과 생산성에만 가치를 둠으로써 비롯된 시대의 폐해 현상 때문이다. 그 출발 배경 중의 하나가 가난을 퇴치할 목적으로 미국 하버드대학이 시작했던 어린이 능력 개발 프로그램이다.

1965년 존슨(Lyndon Baines Johnson, 1908~1973)은 미국의 대통령으로 취임하면서 '워 온 더 포버티(War on the poverty)'를 선언했다. 이른바 '가난과의 전쟁'을 선포했던 것이다. 미국에서 가난을 몰아내기 위해 그는 대책 마련에 힘을 쏟았다. 그래서 나온 것이 헤드스타트 프로그램(Head-start program)이다. 가난에 대해 정면으로 도전장을 내민 것이다.

범죄와의 전쟁을 선포하면 경찰력을 동원하게 된다. 그렇다면 가난과의 전쟁에 돌입하면서 그들은 무엇을 동원했을까? 바로 헤드스타트 프로그램이었다. 이것은 빈민층의 아이가 초등학교에 입학하여 중류층의 아이들에게 뒤지지 않고 학습 진도를 따라갈 수 있도록 짜여진 프로그램으로 입학 1년이나 2년 전에 미리 학습할 준비를 갖추도록 도와주는 내용으로 구성되어 있다.

미국 빈민층 사람들의 자녀는 수백만 명에 이른다. 가난한 부모 밑에서 자란 아이들의 대부분은 부모들이 생업에 바쁜 관계로 서너 살 때의 유아 교육이 제대로 이루어지지 않은 경우가 대부분이었다. 때로는 아이들이 그냥 방치되어 어릴 때부터 거리에서 별로 좋지 못한 행동들을 먼저 배우는 경우도 있었다. 이런 상태로 학교에 들어가게 되니 당연히 중류층 가정의 아이들보다 학업 능력이 떨어질 것은 자명했다. 이에 정부가 가난한 집 아이들을 집중적으로 지원, 학교에 들어가더라도 중류층 아이들에게 뒤떨어지지 않도록 제대로 된 유아 교육을 시켜보겠다는 것이 헤드스타트 프로그램이다. 헤드스타트 프로그램은 전 세계적으로 모범이 되는 유아 교육 프로그램으로서 1965년부터 지금까지 이어져오고 있다.

그러나 이렇게 학습 능력과 학습 준비도를 강조해도 미국에서는 폭력으로 인한 사회 혼란 및 인간성 파괴 현상은 여전히 극심했다. 인간의 이성 능력의 한계를 절감하지 않을 수 없었던 것이다. 이에 한계를 극복하려는 노력의 일환으로 정서를 지능화시키자는 교육운동이 일어나게 된다. 1990년부터 시작된 이른바 노모어 헤드스타트(No more head-start), 다른 말로 표현하면 하트스타트(Heart-start)가 그것이다.

머리가 아니라 이제는 마음이라는 것이다. 앞으로는 마음부터 준비시키는 마음 스타트 교육을 해야 한다는 것이다. 하트스타트 운동은 1990년부터 하버드대학을 중심으로 시작되었다. 물론 헤드스타트도 하버드대학을 중심으로 시작되었던 프로그램이다. 그런데 하버드대학에서 이제는 헤드스타트보다는 오히려 하트스타트를 해야 한다고 주장하고 나선 것이다.

지식의 축적이나 보다 많은 정보에 의해 성공과 행복이 결정되는 것이 아니라 정서적, 사회적 능력에 의해 인간의 삶의 질이 좌우된다는 것을 깨닫고 이것을 유아교육의 토대로 삼게 된 것이다. 하트스타트 프로그램에 의해 유아기부터 교육을 받은 아이들은 자신감, 의사소통 능력, 자제력, 갈등관리 능력 등을 갖추게 되고 이것이 그대로 학교생활로 이어지게 된 것이다.

하트스타트 프로그램이 시작된 지 불과 십 몇 년 밖에 되지 않았고 그 대상이 유아부터 시작되었기 때문에 프로그램의 효과가 사회 범죄에 어떤 영향을 미쳤는지에 대한 정확한 통계적 숫자는 밝혀지지 않았지만, 하트스타트 프로그램에 따라 성장한 아이들이 학교에 잘 적응하였으며, 학교 폭력이 현저하게 줄어들었고, 아이들의 공격성이 감소하였다는 자료는 얼마든지 찾을 수 있다. 이러한 능력을 갖춘 아이들이 성인으로 성장한다면 보다 성숙하고 원만한 사회인이 된다는 것은 너무도 자명한 일일 것이다.

우리 역시 왜 헤드스타트가 아닌 하트스타트에 더 집중해야 하는 것인지, 지금 우리 사회에서 벌어지는 온갖 부조리를 보면 그 이유를 충분히 납득하고도 남을 듯하다.

Tip

- 정서 지능은 이성 능력인 사고 능력, 즉 기억력, 추리력 등을 발휘하게 하거나 또는 그런 능력을 억압하고 제한하기도 하는 감성 능력을 말한다.
- 인간의 이성 능력의 한계를 극복하려는 노력의 일환으로 정서를 지능화시키자는 교육운동이 일어났다.
- 우리 사회 역시 헤드스타트가 아닌 하트스타트에 집중해야 할 때가 되었다.

IQ는 인생을 보장해주지 못한다

입시철만 되면 똑똑하고 앞길이 창창한 어린 학생들이 자살을 하는 사건이 보도되고, 때때로 우리나라의 우수 두뇌들이 모여 있는 대학에 다니는 학생들이 공부에 대한 압박과 스트레스를 이기지 못해 목숨을 끊기도 하는 일도 발생하기도 한다.

대학에 몸담고 있는 필자도 그런 사건을 유심히 보면서, 좌절을 이겨내지 못하는 똑똑한 두뇌들을 안타까워했다. 필자는 IQ와 정서 지능의 문제를 다시 한 번 생각했다.

'그들이 만약 IQ가 높은 것처럼 정서 지능도 높았더라면 어찌 되었을까? 자신의 힘든 상황을 이겨내고 한국의 국가 발전에 기여하며 인류를 위해 공헌할 수 있는 큰 인재로 성장할 수 있지 않았을까?'

IQ가 이해, 추리, 기억, 계산하는 능력인데 비해, 정서 지능은 좌절의 상황에서 희망을 지속시킬 수 있는 능력이니 말이다.

정서 지능은 자신의 감정과 충동을 절제하고 통제하며, 타인들의 감정들에 대해 예민하게 느끼고, 인내심을 지속시켜 근심으로 인해 생각할 수 있는 능력이 방해받지 않도록 정서를 통제할 수 있는 능력을 가리킨다.

IQ(Intelligence Quotient)에 대해 모르는 사람은 거의 없다. 그러나 IQ와 정서 지능이 어떻게 다른지 확실하게 알고 있는 사람은 많지 않다. 이제 IQ와 정서 지능의 차이점에 대해 이야기해보자.

사람에게는 저마다 두 가지 능력이 있다. 추리하고 기억하는 이른바 생각하는 능력과, 느끼고 표현하는 정서 능력이 그것이다.

느끼는 능력이란 다른 사람이 어떻게 생각할까, 나는 왜 화가 치미는 것일까, 화를 참아야 하나 표출해야 하나 등 정서의 세계에 연관된 모든 능력을 말한다.

그동안 우리는 인간의 능력을 이야기할 때면 항상 생각하는 쪽의 능력만을 따졌다. IQ만 좋으면 당연히 만사형통일 것이라는 생각이었다. 지난 1900년대 초부터 100여 년 동안 사람들의 능력 척도 기준에는 IQ가 기정 사실로 인정되었다. 그래서 IQ가 좋은 사람이 최고라는 생각이 우리들 머릿속에 깊숙이 잠재해 있다.

그 때문인지 사람들은 '아인슈타인은 IQ가 높은 사람이 분명하다', '발명왕 에디슨도, 컴퓨터 황제 빌 게이츠도 IQ가 높은 사람이다'라는 생각을 한다. 이런 식으로 뭐든지 IQ와 연관시키려 하고 또 그렇게 생각해왔다.

우리는 교육을 하면서도 늘 IQ를 염두에 두었다. 직장에서 사람을 뽑을 때도 마찬가지였다. IQ가 선발의 기준으로서 확고한 자리를 차지하고 있었다. 이른바 똑똑한 사람이 환영받는 사회였다.

그런데 도저히 IQ로는 설명이 불가능한 측면들이 인간의 삶 속에 있다는 사실을 학자들은 새삼스럽게 깨닫고 새로운 개념을 연구해냈다. 이 세상에서 출세하고 성공하며 행복한 삶을 살아가는 것이 단지 생각하는 능력하고만 연결되는 것은 아니라는 사실이다. 즉 머리가 똑똑하다고 해서 출세하는 것도, 성공하는 것도, 행복한 삶을 누리는 것도 아니라는 뜻이다. '행복한 사람은 머리 좋은 사람'이라는 방정식이 성립되지 않는다는 이야기다. 어쩌면 IQ는 인류의 발전이나 행복과는 전혀 상관없는 것인지도 모른다.

그런데 우리는 그동안 너무도 '머리'만을 고집했다. 이제야 '학교에서 공부 잘 하는 아이가 사회에서도 우등생이 되는 것은 아니다'라는 말이 설득력을 얻기 시작했다. 이러한 말들이 정서 지능 개념의 등장과 더불어 부모의 관심을 얻고 있다.

미국에서 이런 조사를 했다. 세계적인 엘리트들의 집합체인 하버드대학을 우수한 성적으로 졸업한 90명을 대상으로 이들이 20년 후 어떠한 모습으로 살고 있는지 그들의 자취를 추적해보았다. 조사 결과 하버드대학을 졸업할 당시 받았던 1, 2등의 성적표와 사회적인 성공은 전혀 무관하다는 사실이 밝혀졌다.

우리나라라고 예외일 수는 없다. IQ가 높다고 해서 사회에서 성공하고 행복한 삶을 살아가느냐 하면 그렇지 않다. 그러면 무엇이 행복한 삶과 사회에서의 출세, 성공을 예견해주는지가 궁금해진다. 그래서 나온 것이 IQ만으로는 안 된다, 정서 즉 '마음의 세계'를 동시에 고려해야 한다는 착안이었다. 그러한 사회의 흐름 속에서 필연적으로 대두된 것이 정서 지능이다. 결국 IQ는 사람의 성공과 행복한 삶을 예언하고 예측하는 데 충분한 지수가 되지 못한다는 말이 되겠다.

그렇다면 무엇이 더 필요한가. 요컨대 정서 능력이 가르쳐지고 길러져야 한다는 것이다.

그러나 정서 지능이 높으면 IQ가 낮고, 정서 지능이 낮으면 IQ가 높다는 식으로 두 가지를 대립적으로 볼 것은 아니다. 이것은 반대되는 능력이 아니다. 오히려 분리된 개별적인 차원의 능력이다.

역사상의 유명한 학자와 과학자들은 높은 이성 능력의 소유자였다고 할 수 있다. 갈릴레이와 아인슈타인, 토마스 에디슨과 뉴턴, 찰스 다윈과 지그문트 프로이트 등은 모두 이해력, 추리력, 계산력이 뛰어난 인물들로서 자연세계와 인간 내면의 숨어 있는 법칙을 찾아내는 데 성공한 사람들이다. 한편 이성 능력이 뛰어난 그들 가운데도 높은 정서 능력을 가진 사람이 많았다. 예컨대 윈스턴 처칠과 루즈벨트, 간디와 마틴 루터 킹 목사, 베토벤 등은 모두 인내심과 지구력, 정열과 용기, 심념과 절제력이 뛰어난 인물로서 자기 자신의 감정을 올바르게 통제하고 활성화시키는 데 성공한 사람들이다.

이처럼 이성 능력과 정서 능력을 구분할 수 있다고 해서 이 두 능력이 완전히 별개라고 보기는 어렵다. 어쩌면 두 능력의 크기와 양은 사람에 따라 다를지도 모른다. 그렇다고 해도 두 능력이 함께 작용하지 않으면 각자의 독특성을 발휘하기가 어렵다.

예를 들어, 아인슈타인이 아무리 논리수학적인 지능, 즉 이성 능력이 뛰어나다 하더라도 인내심과 정열을 가지고 연구에 몰두하지 않았다면 그는 훌륭한 과학적 업적을 이뤄내지 못했을 것이다.

에디슨도 마찬가지다. 뛰어난 상상력과 창의력을 가지고 있었지만, 그가 만약 1,000여 차례 이상의 지루한 반복 실험을 싫증내지 않고 해낼 수 있는 지구력과 인내심을 가지고 있지 않았다면 전구의 발명은 이뤄지지 않았을 것이다.

처칠은 용기와 정열, 그리고 인내심이 뛰어난 정치가였다. 그러나 사리에 맞지 않는 비합리적인 정책을 추진했더라면 그가 아무리 정열과 심념을 가지고 국민을 설득했더라도 실패하고 말았을 것이다.

간디도 마찬가지다. 인도의 독립과 국민들의 불쌍한 처지에 대한 동정과 사랑의 열망이 넘쳐흘렀지만, 만약 그가 부당하거나 사리에 맞지 않는 시민운동을 전개했더라면 인도의 독립운동은 실패로 돌아갔을 것이다.

따라서 이성 능력과 정서 능력은 함께 균형을 맞추어 발달해야 한다. 그러나 불행하게도 우리는 그간 이성 능력에는 큰 강조를 두어왔지만 정서 능력에는 별로 큰 관심을 쏟지 못했다. 우리는 이성 능력, 즉 IQ를 측정하며 IQ를 높이고자 애써 왔고 IQ 높은 사람을 선호해왔지만, 정서 능력에 대해서는 개념조차도 제시하지 못했었다. 측정하는 방법은 더더욱 몰랐으며 따라서 정서 능력을 높이려는 시도도 전혀 이루어지지 않았다. 단지 개인적으로 정서 능력이 높은 사람을 선호하기는 했다. 하지만 선발의 기준 요소로 삼지는 못했다.

그러나 최근 정서 능력에 대한 관심이 급증하면서 정서 능력을 정서 지능이라고 부르게 되었고, 측정할 수 있을 뿐만 아니라 스스로 계발하거나 프로그램을 통해 개발시킬 수도 있다는 사실이 밝혀졌다.

IQ를 열렬히 신봉하는 학자들 사이에서 정서를 '지능'과 본질적으로 반대되는 용어로 생각하기보다 지능의 영역으로 끌어들이려는 노력이 있었다. 1930년대에 IQ를 대중화시키는 데 공헌한 어느 심리학자는 정서 지능의 한 측면인 '사회 지능(Social intelligence : 타인을 이해하고 인간관계 내에서 현명하게 행동하는 능력)'을 IQ의 한 가지 측면으로 제안하기도 했다. 그러나 사회 지능은 학문적인 능력과는 구분된다. 동시에 사람들로 하여금 실제 삶 속에서 잘 적응해 생활하도록 만들어준다는 면에서 정서 지능에 가깝다.

캘리포니아 대학의 심리학자인 잭 블럭(Jack Block)은 IQ가 높은 사람과 정서 지능이 높은 사람의 유형을 비교했다.

비교 결과, IQ가 높은 사람은 지적으로는 뛰어나나 인간관계가 서투른 특성을 드러냈다. 반면 정서 지능이 높은 사람은 대인관계가 매우 안정적이며 쾌활하고 사회적으로 걱정이나 두려움에 집착하지 않았다. 또한 책임감과 동정심이 강하고 타인을 배려할 줄 알며 정서표현을 적절히 하여 자신과 타인을 편안하게 하고 사람들과 잘 어울리는 특성을 지니고 있었다.

정서 지능이 높은 사람이 대인관계가 원만하다는 점은 겉으로도 드러난다. 자기 자신의 감정을 잘 조절할 줄 알 뿐만 아니라, 많은 사람들에게 인기가 있다. 그럼 그 인기의 비결은 어디에 있는 것일까? 남의 마음을 먼저 헤아릴 줄 안다는 데 있다. 이런 사람들을 우리는 어머니의 마음을 가진 사람이라 말한다. 어머니는 자식의 눈초리만 보고도 '애가 지금 배가 고프구나, 나한테 화가 나 있구나.' 하고 아이의 마음을 금방 읽어낸다. 이처럼 어머니가 아이의 마음을 읽는 것과 같은 심정으로 친구의 마음을 읽고 거기에 걸맞은 대화나 조치를 취한다고 하자. 인기는 당연히 따라오게끔 되어 있다. 이것이 바로 정서 지능이 높은 사람의 특징이다.

반면에 IQ가 높은 사람은 기억을 잘 한다. 문제 해결을 잘 하고 추리 능력이 높고 계산을 잘 하고 숫자 개념이 확실하다.

우리는 머리가 좋으면 상대의 마음도 예민하게 읽을 것이라고 생각하는 경향이 있다. 추리 능력이 발달된 것을 생각한다면 그럴 것 같기도 하다. 그러나 그럼에도 불구하고 그렇지가 않다. 행인지 불행인지 두 가지는 서로 상관이 없다.

반면 IQ가 낮다고 해서 사람의 감정을 읽는 능력이 떨어지느냐 하면 그렇지 않다. 오히려 IQ는 낮아도 타인과 공감하는 능력은 더 뛰어날 수 있다.

IQ라는 것은 상당히 추상적인 상황 속에서 측정된다. 원래 IQ가 그 개념의 정의대로 추리력을 측정한다면 공감하는 능력과 추리 능력이 비례할지도 모른다. 그러나 안타깝게도 IQ는 대인관계에서의 추리력을 제대로 측정할 수 없다. 나무토막을 쌓아 놓고, 겉으로 보이는 개수 외에 나무토막 뒤에 몇 개가 더 숨어 있겠느냐는 식의 추리 능력 시험이기 때문이다. 사람의 사진을 보여 주고 이 사람의 감정이 지금 어떤가를 파악하는 문제에 있어서는 IQ가 좋은 사람이라고 해서 더 잘 알아내느냐 하면 그렇지 않다는 얘기다.

무표정한 사진일지라도 그 안에는 느낌으로 알 수 있는 잔잔한 정서가 내재해 있다. IQ가 높다고 해서 그 사진 속에 무슨 감정이 배어 있는지를 추리하는 능력이 더 뛰어나지는 않은 것이다.

삶을 어떻게 가치 있게 살 것인가에 대해 느끼고 추리하는 능력과 자연계의 사물을 놓고 추리하는 학문적인 능력은 별개의 능력이다. IQ가 높을수록 인생을 풍요롭게 만드는 도덕성, 도덕적 판단력이 더불어 올라가느냐 하면 절대로 그렇지 않다.

이렇게 볼 때 이성 지능이 높다고 해서 정서 지능까지 높은 것은 아님을 알 수 있다. 물론 가장 이상적은 것은 IQ도 높고 정서 지능도 높은 상태, 즉 머리는 차갑고(Cool head), 가슴은 따뜻한(Warm heart) 사람이다. 그러나 유감스럽게도 그런 사람은 드물다.

이성 지능은 낮지만 정서 지능은 높을 때는 별로 문제가 되지 않는다. 나름대로 주어진 상황에서 최선을 다할 것이기 때문이다.

문제는 이성 지능은 높은데 정서 지능은 낮은 경우이다. 이럴 경우 심각한 문제를 낳게 된다. 타인의 고통과 슬픔은 아랑곳없이 자신의 이익과 만족만을 취하려 하기 때문이다. 상식적으로 생각해도 범죄자들의 정서 지능이 상당히 낮을 것이라는 점은 상상이 될 것이다. 자신의 행동이 다른 사람에게 미치는 결과를 생각하지 못하는 데서 오는 당연한 현상이다. 실제로 미국에서 강력범죄자들(특히 강간범과 유괴범)의 정서 지능인 감정이입 수준을 측정한 결과, 그들이 타인의 감정을 읽고 공감할 수 있는 능력이 상당히 낮았다. 이러한 모든 결과에서 우리는 이성보다 정서를 우선해서 키워야 하는 이유를 알게 된다.

Tip

- 사람에게는 저마다 두 가지 능력이 있다. 추리하고 기억하는 이른바 '생각하는 능력'과 느끼고 표현하는 이른바 '정서 능력'이 그것이다.
- 새로이 머리를 들고 있는 정서 지능은 도저히 IQ로서는 설명이 불가능한 면들이 인간의 삶 속에 있다는 사실을 새삼스레 깨달은 학자들이 연구해낸 개념이다.
- 최근 정서 능력에 대한 관심이 급증하면서 정서 능력을 정서 지능이라고 부르게 되었고, 측정할 수 있을 뿐만 아니라 계발할 수도 있다는 주장까지 대두되고 있다.
- 삶을 어떻게 가치 있게 살 것인가에 대해 느끼고 추리하는 능력과 자연계의 사물을 놓고 추리하는 학문적인 능력은 별개의 능력이다.

똑똑한 바보로 만들지 마라

몇 해 전에 일어났던 한 사건이 아직도 내 머리 속에서 지워지지 않고 있다. 경기도 광주에서 일어난 일로 19세 아들이 44세인 자신의 어머니를 목 졸라 죽이고 치정에 의한 살인으로 위장했다가 발각된 사건이었다.

'무엇이 그로 하여금 자신의 어머니를 살해하게 했을까?' 하는 의문이 나의 뇌리 속에서 계속 맴돌았다. 그 전날까지만 해도 이들 모자는 죽고 죽이는 관계가 되리라고는 꿈에서조차 생각지 못했을 것이다.

'이것을 지난 4~5백 년 간의 왜곡된 문명사나 현재의 잘못된 교육 탓으로 돌린다면 너무 추상적인 나의 사변일까?'

그래도 내 머릿속에는 그런 해석이 머물 뿐이었다.

르네상스와 산업혁명 이래로 교육을 통해 개발하고자 한 인간의 능력은 이른바 합리적 사고 능력으로 대변되는 논리, 수학 및 자연과학적 지식이었다. 인간 속에 잠재된 무수한 능력과 소질, 적성 중에서 오직 합리적 사고 능력만이 가치로운 것으로 인식되었다.

결국 정서와 감정, 그리고 정신적 품성과 품격의 문제는 여전히 경시될 수밖에 없었다.

이미 15~16세기 이래로 시작된 부국강병이라는 정치와 국제 사회의 생존 논리는 과학과 기계, 기술의 발전에 도움이 되는 소질과 적성, 능력의 개발에만 주력하도록 문명과 교육의 진로에 압력을 가하고 있었다.

이른바 똑똑한 아이는 칭찬하고 격려하고, 품성이 좋고 곧은 아이는 있으면 좋지만 없어도 그만인 시대였다.

이런 풍조는 학교와 사회에서만이 아니라 부모들에게까지도 크게 영향을 미쳤다. 그래서 부모들도 품성이 좋고 곧은 아이보다는 똑똑한 아이를 선호하게 되었다. 사회에서 출세하고 성공하려면 합리적으로 사고하고 문제 해결도 잘 하고 경쟁에서 악착같이 이겨낼 이성 능력이 있어야 한다는 것이 그 이유였다.

그래서 지난 4~5백 년 동안 서양의 교육은 합리적 사고와 이성능력, 자연과학적 지식의 배양에만 몰두했다. 그리고 윤리나 도덕 정신, 성숙한 인격, 깊고 심오한 품격 등 정서 능력의 계발과 배양은 지극히 등한시했다. 이런 현상을 일컬어 교육학자들은 'IQ를 중시하고 정서를 등한시한 문명과 교육의 역사'라고 요약해서 말하곤 한다.

서양의 교육은 물론이거니와 우리나라의 교육도 결국은 이성 능력에 연연하며 숨차게 달려왔다고 할 수 있다. IQ만 높으면 모든 게 다 잘 되리라는 착각 속에서 살았다. IQ 능력(이해, 추리, 계산, 판단)을 갖추면 사회적 출세와 성공이 자동적으로 보장되는 것으로 믿어왔다. 그래서 부모와 교사, 학생과 사회가 늘상 IQ에 연연해한다. IQ가 마치 성공의 예언 표식이라도 되는 것처럼 말이다.

우리가 이렇게 IQ에 매달려 끌려 다니는 동안 정서 능력은 당연히 등한시되었다. 정서 지능에 대한 이러한 자기 멸시적인 무관심 때문에 정서 능력을 개발한다거나 발전시키는 일은 더더구나 꿈도 못꾸었다. 이렇게 되자 인간의 삶은 갈수록 삭막해져만 갔다. 인간이라면 누구나 솟게 마련인 희로애락애오욕이라는 일곱 가지 감정을 조절하고 통제하고 다스려줄 능력에 대한 무관심의 결과였다. 감정의 관리 능력이 결여된 상황은 불을 보듯 뻔하다. 부딪히는 사람들 사이에 긴장과 갈등이 속출했던 것이다. 인간이라면 누구나 어느 정도는 감정의 조절과 관리가 가능하다. 그러나 감정이 격할 때에는 다르다. 훈련된 사람만이 자신의 인격을 나타내는 감정을 충분히 표출할 수가 있다.

정서 지능 개념을 대중화시킨 골먼은 십대까지의 아동과 청소년들은 아직 느끼는 것이라든지 어떻게 행동해야 할지를 통제하는 뇌의 전두엽 회로가 성숙되지 않은 상태이기 때문에 개선의 여지가 있으며, 정서교육이 실효를 거둘 수 있다고 주장한다.

아동이나 청소년의 부족하거나 부적절한 정서 지능과 정서 능력을 평가할 수 있다면 그 평가를 통해 적절한 정서 지능과 정서 능력을 함양해 주는 교육이 가능해질 것이다.

파충류에 속하는 살모사는 원색적인 욕망으로서의 감정을 가지고 있지만, 때와 장소와 대상에 따라 감정을 조절하는 조절 장치가 없다.

그래서 우리는 그들을 어머니를 죽이고 태어나는 뱀이라는 뜻으로 살모사(殺母蛇)라고 부른다. 그러나 사람들은 원색적인 감정을 통제하고 조절하는 장치를 뇌에 가지고 있다. 그것은 연습과 훈련, 즉 올바른 정서 경험을 통해 활성화되었을 때 제 기능을 발휘할 수 있다.

우리는 지난 수백 년 동안 정서의 회로인 두뇌에서 정서 기능을 개발하는 데 등한시했다. 판단하고 이해하고 추리하고 계산하는 이성 능력의 개발에는 주력했지만 정서 능력은 소홀했던 것이다. 나는 광주의 19살 된 존속살해범도 결국은 정서 능력을 개발하고 훈련하는 데 등한시해온 이 시대의 한 희생자라고 본다.

Tip

- 십대까지의 아동과 청소년들은 아직 느끼는 것이라든지, 어떻게 행동해야 하는지를 통제하는 두뇌의 전두엽 회로가 성숙되지 않은 상태다.
- 인간이라면 누구나 솟게 마련인 희노애락애오욕이라는 일곱가지 감정을 조절하고 다스려줄 정서 능력에 무관심하면 인간의 삶은 갈수록 삭막해져간다.

부모가 정서 지능의 위력을 깨달아라

정서 지능은 한 마디로 정의 내릴 수 없는 매우 복합적인 개념이다. IQ는 인간의 지적인 능력을 측정한 결과로서 기억력, 이해력, 추리력, 수리력을 포함하고 있는 반면, 정서 지능은 인간의 정서를 다루는 능력이기 때문에 IQ보다 복잡하고 다양한 내용을 포함한다.

1990년 정서 지능의 개념을 처음으로 공식화한 피터 샐로비(Peter Salovey)와 존 메이어(John Mayer)는 정서 지능의 모형을 한 번의 수정 과정을 거쳐서 최근에 새로운 모형을 내놓았다. 새로운 모형에 포함되어 있는 구성 요소는 네 가지다.

즉, 정서의 인식과 표현 능력, 정서의 사고 촉진 능력, 정서 지식의 이해 능력, 정서조절 능력이다. 각 구성 요소는 정서 능력에서 필수적인 내용을 이루며 모형이 된다.

우리나라에서는 1995년에 대니얼 골먼의 『정서 지능』이라는 책이 소개되면서 처음으로 알려지면서, 학계에서도 이에 대한 연구를 활발히 진행했다. 특히, 학문적으로 정서 지능의 모형과 구성 요소를 우리나라 상황에 맞추어 새로 구축하려는 노력이 많았다.

어떤 국가에서 새로운 이론이나 모형이 등장했을 때 다른 나라들은 그 이론이나 모형을 그대로 받아들이는 것이 아니라 자기 나라의 문화와 상황에 맞게 수정하여 사용할 수 있다. 정서 지능도 마찬가지다. 그 이론이 처음 등장하고 소개된 것은 미국이지만, 우리나라에 이것을 받아들일 때는 우리의 문화와 실정에 맞게 수정할 수 있는 것이다.

우리나라의 정서 지능 구성 요소는 다섯 가지로 구성되었다. 샐로비와 메이어가 제안한 네 가지 구성 요소에 필자가 제안한 감정이입 능력이 추가되어 총 다섯 가지의 구성 요소로 되어 있다.

다섯 가지 구성 요소에 맞추어 만들어진 정서 지능의 모형은 그림과 같다.

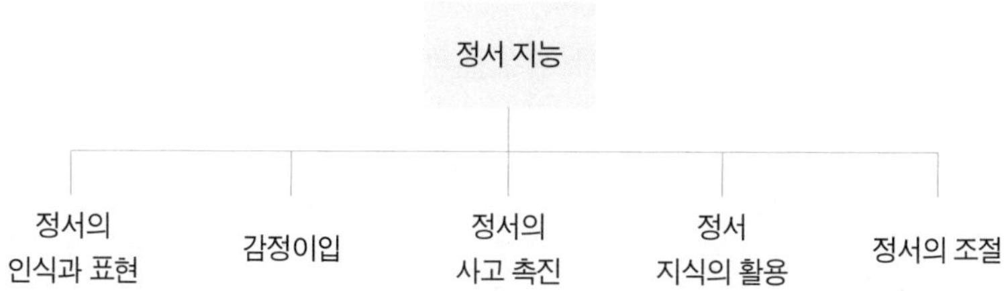

보기에는 간단하게 보이지만, 구성 요소 하나하나의 개념이 상당히 복잡하고 광범위한 내용을 포함하고 있다. 이제 각 구성 요소에 대해 좀 더 자세히 알아보자.

1. 정서의 인식과 표현 능력

정서의 인식과 표현 요소는 정서 지능의 가장 기본적인 능력이자 초석이 된다. 정서의 인식과 표현 능력이 충분히 발달하지 않는다면 전체적 정서 능력이 발달하고 향상되기는 상당히 어렵다. 예를 들어, 자녀의 정서조절 능력을 향상시켜주기 위해 가장 먼저 해야 할 일은 무엇일까? 조절하고 통제하려는 감정과 기분을 들여다보고 그것을 정확하게 이해하는 것이 처음 단계가 되는 것이다.

누군가 나를 무척 화가 나게 만들어서 속이 부글부글 끓어오를 때 맨 처음 일어나는 마음의 변화는 어떤 것일까? '참자, 참자, 이번만 참자'라는 생각을 하고 자신의 감정을 통제하는 것일까? 이것은 무조건적인 억제와 같다. 일단 감정과 기분을 조절하고 통제하기 위해서는 자신의 감정과 기분을 정확하게 들여다보아야 한다.

'나는 지금 그냥 기분이 나쁜 것인가, 아니면 정말 화가 많이 난 것인가, 나는 왜 이렇게 저 사람에게 화가 날까?'

이렇게 객관적으로 감정과 기분을 이해하고 인식한다면 자연스럽게 통제와 조절 능력도 길러지기 시작한다.

정서의 인식과 표현의 개념을 한마디로 정의내리자면, 바로 자신과 타인의 감정이나 기분을 정확하게 알아차리고 이해하는 능력을 말한다. 또한 자신이 느끼는 바를 적절하게 표현하는 능력을 말하기도 한다.

정서의 인식과 표현 능력은 크게 두 가지의 구별되는 능력을 포함한다. 특히 정서의 인식 능력이 자신과 타인의 감정을 소재로 하는 일종의 정신 작용이라고 본다면, 정서의 표현 능력은 자신의 감정을 소재로 하되 행동적인 측면을 강조한다. 즉, 정서의 인식 능력이 자신과 타인이 느끼는 감정과 기분이 무엇인지 유추하는 능력이라면, 정서의 표현 능력은 자신이 느끼는 감정을 타인에게 적절하게 표출하는 행동 표현 능력이라고 볼 수 있다.

그럼 두 가지 능력에 대해 보다 자세히 설명해보겠다.

먼저 정서의 인식 능력이다. '인식(appraisal)'이라는 말에는 지각하고(perceive), 이해하며(understand), 식별한다(discriminate)는 의미가 담겨 있다. 이 말을 따라 순차적으로 감정의 인식 과정을 살펴보자. 현재 느끼는 감정의 이름을 무엇이라고 부를 수는 없지만, 좋은 기분이 아니라고 해보자. 일단 맨 처음 감정을 지각한다. 지각의 의미는 말 그대로 받아들이고 느끼고 있다는 것이다. 기운이 없고 의욕이 없고 재미도 없다. 사람들과 이야기하기 싫고 혼자 있고 싶다 등을 느끼게 된다(perceive). 이러한 상태를 지각하면서 이것이 우울한 감정이라는 것을 이해한다. 그리고 그 우울함은 자신이 계획했던 일의 실패로 느끼게 되었다는 원인까지 이해하게 된다(understand). 그러면서 이전에 이와 비슷한 상황에서 느꼈던 좌절감과는 다르다고 분간하고 식별한다(discriminate). 이 과정이 바로 정서의 인식 과정이라고 볼 수 있다.

정서인식의 대상은 크게 자신과 타인으로 나누어 볼 수 있다. 즉, 자신의 감정과 기분을 정확하게 이해하는 것과 타인의 감정과 기분을 정확하게 이해하는 것이다. 자신의 감정과 기분을 정확하게 들여다보는 능력은 모든 정서 능력의 기본 능력이다.

나를 들여다볼 수 있어야 다른 사람도 들여다보는 일이 가능하다. 자신이 느끼는 감정과 기분조차 파악하지 못하는 사람이 다른 사람의 감정과 기분을 어떻게 알 수 있겠는가? 이 때 단순히 들여다보는 것만이 아닌 그 감정과 기분에 대한 정확한 이름도 붙일 수 있어야 한다. 때때로 그런 기분을 느낄 수 있다. 뭐라고 딱 꼬집어 말할 수는 없지만 이상야릇한 기분, 그렇지만 조금만 더 깊이 들어가 정확하게 들여다본다면 그 기분의 이름이 무엇인지, 왜 그런 기분을 느끼게 되었는지 알 수 있다. 이것이 자신의 감정과 기분에 대한 정서인식 능력이다.

타인의 감정과 기분을 정확하게 들어다보기 위해서는 타인이 보여주는 단서에 민감해야 한다. 사실 우리 주변을 둘러보면 "나 너 때문에 기분 나빠!" 또는 "나는 당신을 좋아합니다."라고 직접적으로 말로써 자신의 감정과 기분을 나타내는 사람은 그리 흔하지 않다.

그렇다면 우리가 어떻게 다른 사람의 기분과 감정을 알 수 있는가? 누구나 쉽게 대답할 것이다. "티가 나게 되어 있어요." 이 말의 의미는 무엇인가? 사람은 감정과 기분에 따라 표정도 바뀌고 목소리의 톤이나 제스처도 변한다. 누군가를 좋아하는 마음을 갖고 있으면 그 대상 앞에서 표정도 훨씬 부드럽고 미소도 자주 보이며 목소리도 약간 들뜨게 된다. 그럼 우리는 유추하게 된다. '좋아하는 사람이 지금 앞에 있구나.' 오죽하면 감기와 사랑은 숨길 수 없다는 이야기가 나왔겠는가? 화라는 감정도 마찬가지다. 자신을 화나게 한 대상 앞에서 얼굴 표정은 굳게 되고 목소리는 마지못해서 이야기하는 사람처럼 톤이 낮아진다. 이 때도 우리는 유추하게 된다. '아, 이 사람이 지금 화가 나 있구나.'

정서표현 능력은 자신이 느끼는 감정과 기분을 적절하게 상황에 적합하게 표현하는 능력이다. 유감스럽게도 우리나라는 표현 문화가 발달해 있지 못하다. 자신의 감정을 잘 드러내는 사람을 채신머리없다거나 경망스럽다고 평가한다. 어릴 때는 어떤가. '사내 대장부가 울면 못써', '여자는 그렇게 말하면 안 돼' 등의 말로 자녀를 키운다. 이런 말들은 자신의 감정을 드러내거나 표현하는 능력과 기술을 억제하게 만든다. 자신의 감정과 기분을 표현하는 것이 뭐 그리 나쁜가? 문제는 그 표현 방법이다. 표현 방법이 자신의 감정과 기분을 정확히 담아내고 있는지, 표현 정도가 적절한지, 표현 기술이 세련되었는지, 이러한 표현을 상대방이 무리 없이 받아들이는지의 문제이다. 정서표현 능력은 이와 같은 내용을 담고 있는 능력이다.

뛰어나고 세련된 정서표현 능력은 어릴 때부터 길러진다. 자녀는 부모가 서로에게 어떤 방식으로 애정 표현을 하는지, 어떤 정서표현 방법을 활용하는지를 관찰하고 배우게 된다. 부모가 보여주는 애정의 방식대로 자녀는 똑같이 사랑을 하게 되어 있다. 어릴 때부터 부모를 관찰함으로써 '아, 남자와 여자는 저렇게 사랑하는구나!'라고 생각하게 된다. 어릴 때부터 보고 배운 것을 다시 반복하는 것이다. 부모가 서로에 대해서 존중하지 않는 방식으로 대화하거나 행동하면 자녀도 이성친구나 배우자에게 똑같이 대하게 마련이다. 부모가 서로를 존중하고 애정표현을 잘 하면 자녀도 부모의 방식대로 연애를 하고 결혼생활도 하게 된다.

그리고 자녀가 자신의 감정과 기분을 표현했을 때 부모가 어떻게 반응하고 귀 기울여 주느냐 하는 것이 바로 자녀의 정서표현 능력을 길러 주는 요인이 된다. 어린 아동의 경우에는 부모에게 칭찬받고 싶어서 과도하게 행동을 하는 일이 많은데, 이럴 때 모욕적으로 느낄 정도로 화를 내거나 무시한다면 자녀는 큰 상실감을 갖게 된다. 부모가 자녀에게 애정적으로 대하고 사랑을 충분히 표현한다면 자녀는 정서표현 능력이 높은 아이가 될 것임은 너무도 당연한 일이다.

2. 감정이입 능력

두 번째 구성 요소인 감정이입 능력은 공감(共感)이라는 말로 알려져 있다. 공감이나 감정이입의 공통된 의미는 다른 사람의 감정과 기분에 들어가본다는 데 있다. 다른 사람의 처지가 되어서 그 사람의 일을 마치 자신의 일처럼 생각하고 다른 사람의 감정과 기분을 실제로 똑같이 느껴보는 것이다.

감정이입 능력의 형태는 여러 가지가 있다. 소설이나 텔레비전의 주인공이 슬프고 억울한 일을 당하면 눈물을 흘리고 같이 분에 못 이겨 하는 모습도 바로 감정이입의 한 형태라고 볼 수 있다.

인도의 정신적 지도자인 간디가 영국의 통치하에서 억울하고 가난하게 살아가는 인도 국민의 정서에 몰입하고 공감하여 대영 제국에 대항했던 것 역시 감정이입 능력의 한 형태이다. 이처럼 감정이입 능력은 그 범위와 형태가 넓고 다양하다.

그렇다면 감정이입 능력은 어떻게 발달하는 것일까? 다른 사람의 감정과 기분에 공감하고 같이 가슴아파하는 능력은 타고나는 것일까, 아니면 길러지는 것일까? 전자의 질문은 감정이입이 연령에 따라 어떤 특징을 보이는가에 관한 것이고, 후자의 질문은 감정이입 능력은 유전에 의해 달라지는 것인가 환경 탓인가에 관한 것이다.

우선, 후자의 질문에 대한 답을 하자면 감정이입 능력은 누구나 가지고 태어나지만 그 능력이 보다 훌륭하게 발달하는가의 여부는 환경에 의해서 결정된다. 감정이입에 대한 무수한 연구를 한 호프만(Hoffman)이라는 학자는 아기가 처음 태어났을 때 이미 감정이입의 행동을 보인다고 말한다.

예컨대 신생아실에 함께 있는 아기들은 한 명이 울기 시작하면 별 이유 없이 모두 따라서 운다. 이것은 감정이입 능력의 원시적인 모습이라고 할 수 있다. 아기가 자신과 다른 사람들은 별개의 독립된 존재라는 것을 깨닫게 되는 시기는 보통 4~5살부터인데, 이 때는 다른 감정이입의 모습을 보여준다. 자기 또래의 아이가 울고 있는 것을 보면 입을 삐죽거리고 눈에 눈물이 고이면서 자신도 고통스러워한다. 그러면서 우는 아이를 달래려고 자기의 인형을 주기도 한다. 이것은 신생아 때보다 훨씬 발달되고 세련된 감정이입의 모습이라고 볼 수 있다.

이후에는 보다 인지적인 요소에 의해서 영향을 받는 감정이입 능력이 나타난다. 이전까지는 고통, 슬픔, 기쁨 등의 분명하고 격렬한 감정에 대해 쉽게 공감하지만, 이후 인지적으로 발달하게 되면 아동은 타인의 감정뿐만 아니라 그 감정이 발생하게 된 이유까지 추리하면서 진정한 감정이입을 하게 된다.

그렇다면 떨어지는 낙엽을 보고 눈물을 흘리는 감정이 풍부하고 감성적인 사람이 바로 감정이입 능력이 뛰어난 사람일까? 위에서 잠시 살펴보았지만, 감정이입 능력은 감정적 또는 정서적인 요소뿐만 아니라 인지적인 요소도 포함하고 있다.

다른 사람의 감정과 기분을 느껴볼 때 갖게 되는 감정 자체가 감정적 · 정서적 요소가 된다. 또한 여러 사람이 함께 모여 있을 때 누군가에게 매우 슬픈 일, 예컨대 크게 다쳤거나 손해를 보아서 눈물을 흘리는 것을 보면 함께 모여 있는 사람들의 기분은 전체적으로 가라앉고 다들 고통스러운 표정으로 우는 사람을 바라보게 될 것이다. 이를 '정서의 감염 상태'라고 한다. 감기와 하품이 전염되듯이 인간의 감정과 정서도 감염됨을 말한다. 이 두 가지가 감정이입의 감정적 · 정서적 요소이다.

그렇지만 진정한 감정이입 능력을 갖추려면 이것으로는 부족하다. 실제로 누군가에게 공감한다고 할 때의 의미를 한마디로 표현하면, 바로 역지사지(易地思之)이다. 역지사지는 타인의 역할을 취해보고 그 상황을 머릿속에서 재연(再演)한다는 의미가 포함된다. 자신이 아닌 다른 사람의 입장을 추리하고 유추하는 능력은 분명 인지적인 능력이다. 이런 인지적인 능력이 부족하다면 다른 사람의 입장을 취해볼 수 있겠는가? 그러므로 감정이입 능력이 제대로 발달하려면 인지적인 요소가 중요한 역할을 해야 한다.

다른 사람의 감정과 기분을 자신의 것으로 취해본다는 것이 쉽지 않음이 분명한데, 어떻게 하면 감정이입 능력을 발달시킬 수 있을까?

현재까지 감정이입 능력을 발달시켜주기 위한 노력은 많이 있어 왔다. 상담의 한 기법으로 활용되는 '공감 훈련'이 그것이다. 공감 훈련의 대부분은 의사소통 능력을 발달시켜주기 위한 훈련이 많이 포함되어 있다. 물론, 특별히 상담을 받으러 가서 공감 훈련을 받아야만 자녀의 감정이입 능력이 발달하는 것은 아니다.

일단 부모는 자녀에게 역할 채택을 해볼 수 있는 기회를 가능한 많이 제공하는 것이 좋다. 그 소재는 동화나 비디오의 주인공, 친구의 이야기, 부모님의 이야기 등 어떤 것이든 좋다. 대신 이런 질문을 해보라. “네가 이런 일을 겪으면 기분이 어떻겠니?”, “네가 이 사람이라면 슬플까, 아니면 기쁠까, 괴로울까?” 등의 질문으로 자녀가 자신과 다른 사람의 역할을 바꾸어 생각해볼 수 있도록 도와주는 것이 좋다. 이런 질문은 쉽게 할 수 있지만, 이 질문을 통해서 자녀는 참으로 많은 생각을 하게 될 것이다. ‘정말 괴롭겠지. 나라면 저 주인공처럼 견뎌내지 못할지라도 몰라’, ‘정말 마음 아프고 불쌍한 사람들이 많구나. 저 사람들은 얼마나 부끄럽고 비참할까?’ 이런 생각과 정서를 바탕으로 도덕성이 형성된다.

도덕적으로 성숙하고 타인에 대한 배려를 하는 사람들의 특징은 바로 감정이입 능력이 뛰어나다. 그리고 범죄자나 약자를 괴롭히는 악한 행동을 일삼는 사람은 감정이입 능력이 현저하게 부족하다는 점을 주목해야 한다.

3. 정서의 사고 촉진 능력

누구나 한 번쯤 이런 경험을 해본 적이 있을 것이다. 너무도 화가 나거나 격정적인 감정에 휩싸여서 지금 하고 있는 일이 도무지 손에 잡히지 않거나 심지어는 아무것도 하지 못할 정도가 되었던 경험 말이다.

이런 경우는 어떤가? 어려운 수학 문제를 풀다가 잘 풀리지 않을 때 '그래, 이까짓 문제 풀고야 말겠다.'라는 오기 비슷한 감정이 생겨서 이 궁리 저 궁리 하다가 결국 문제를 풀어낸 경험도 있을 것이다.

화가 나서 아무 것도 할 수 없을 경우에는 감정이 너무도 강렬해서 인지능력을 방해하는 경우이지만, 오기라는 감정을 이용해서 끝까지 문제를 풀어내고 마는 경우에는 정서를 이용해서 문제를 해결하는 경우이다. 어떻게 보면 이 두 가지는 모두 감정이 개입되어 있지만, 완전히 반대의 예가 된다. 후자의 경우는 정서 지능 중 '정서의 사고 촉진 능력'과 관련이 있다.

정서의 사고 촉진 능력은 크게 두 가지로 나누어볼 수 있다.

첫 번째는 자신에게 현재 가장 중요한 일에 주의를 전환하여 집중하는 능력이다. 자녀가 학교에서 돌아오면 우선 숙제를 한 뒤에 나가 놀기로 약속했다고 하자. 하지만 막상 학교에서 돌아왔을 때 친구들이 밖에서 이름을 부르며 놀자고 하면 마음이 흔들릴 것이다. 이 때 정서의 사고 촉진 능력이 발휘된다. 부모님과 약속한 것을 생각하면서 현재 가장 먼저 해결해야 하는 문제인 숙제로 자신의 주의를 전환하여 집중한다면 분명 그 아동은 주의 전환 능력이 뛰어난 것이다.

두 번째는 자신이 해결해야 하는 과제를 잘 처리하기 위해서 자신의 감정과 기분을 그 과제를 해결하는 데 활용하는 능력이다. 즉 창의적이고 아이디어가 필요한 일을 해야 할 경우에는 일의 성격에 알맞게 기분을 낙관적이고 긍정적으로 바꾸고, 꼼꼼하고 세심한 일을 해야 할 경우에는 일의 성격에 어울리게 차분한 기분으로 가라앉히는 능력을 말한다.

사람의 기분(mood)을 연구한 심리학 연구들을 살펴보면, 보통 들

뜨고 즐겁고 명랑한 기분이 들 때 창의적인 아이디어가 필요한 작업을 하는 것이 보다 효과가 있다고 한다. 반대로 꼼꼼하고 세심한 일을 해야 할 경우에는 가라앉고 약간 우울한 기분을 갖는 것이 보다 효과적이라고 한다.

정서 지능의 개념을 처음으로 공식화한 예일대학의 피터 샐로비 교수는 스스로에 대해서 정서의 사고 촉진 능력이 뛰어난 사람이라고 평가한다. 샐로비 교수는 평소에는 매우 쾌활하고 항상 유쾌한 기분을 가지고 있는 사람이라고 한다. 보기에 따라 샐로비 교수를 들떠 있는 사람이고 볼 수도 있다. 그렇지만 샐로비 교수는 자신이 당장 학술적인 연구를 해야 한다거나 진지하고 심각한 글을 써야 할 때는 자신의 연구실 문을 걸어 잠그고 들떠 있는 기분을 가라앉혀 차분해지려고 노력한다는 것이다.

이는 현재 당면한 과제를 해결하기 위해서 일부러 기분을 가라앉히는 것이다. 즉 해야 할 일을 가장 효과적으로 훌륭하게 해결하기 위해서 그 일의 성격에 맞게 자신의 기분을 바꾸는 능력이다.

정서의 사고 촉진 능력은 정서의 인식과 표현 능력보다 상위의 능력이라고 볼 수 있다. 자신의 기분과 감정을 정확하게 알고 이해하면서 과제를 해결하는 데 집중해야 하기 때문이다. 그렇다면 자녀의 정서 사고 촉진 능력을 발달시켜 주기 위해서는 어떤 방법이 좋을까?

어린아이라고 해서 정서의 사고 촉진 능력을 전혀 발휘하지 못하는 것은 아니다. 자녀 중에 숙제를 하기 위해서 차분하고 조용한 환경과 집중하려는 마음을 가지려고 애쓰는 아이가 있다면 정서의 사고 촉진 능력이 뛰어나다고 볼 수 있다.

정서의 사고 촉진 능력을 발달시켜주기 위해서 가정에서 부모가 자녀에게 도움을 줄 수 있는 방법은 과제의 성격을 생각해보도록 하고, 과제를 해결하기 위해서 어떤 기분과 감정을 가져야 하는지 충분히 생각할 시간을 갖도록 하는 것이다.

수학 문제는 어떤가? 수학 문제를 잘 해결하기 위해서는 꼼꼼하고 세심하게 계산하고 이리저리 따져보아야 한다. 이런 과제를 위해서 필요한 기분은 무엇일까? 분명 차분하고 가라앉은 기분일 것이다. 차분하고 가라앉은 기분을 갖기 위해서는 어떻게 해야 할까? 이제부터는 자녀만의 독특한 방법으로 기분과 감정을 전환할 수 있도록 해야 한다. 앞에서 예로 들었던 피터 샐로비 교수의 경우, 기분을 가라앉히기 위해서 슬프고 차분한 음악을 틀어놓거나 심지어 과거의 우울했던 기억까지 떠올려본다고 한다. 그러면 어느새 자신의 들뜬 기분은 차분하고 약간 우울한 기분으로 바뀌어 자신의 과제를 매우 효율적으로 해결할 수 있게 된다는 것이다.

4. 정서 지식의 활용 능력

정서 지식의 활용 능력은 정서와 관련한 지식이 얼마나 풍부한가에 대한 능력이며, 그 지식이 담고 있는 미묘한 의미를 파악하고 있는지에 관한 능력이다.

인간은 태어날 때부터 기본적으로 6가지의 감정을 가지고 있다. 즐거움, 화남, 우울함, 놀람, 밉고 싫음, 무섭고 겁남 등인데, 이는 선천적 감정들이다. 아기가 점점 나이가 들고, 세상을 살며 여러 가지 경험이 많아지면서 6가지 이상의 감정이 생긴다. '화'라는 감정을 예로 들어보자. 기분이 나쁜 감정을 무조건 화라고 할 수 있을까? 화보다 그 강도가 약하면 '짜증'이 되고 화보다 강도가 강하면 '격분'이 되기도 한다.

이처럼 사람은 다양한 경험을 겪으면서, 그리고 나이를 먹으면서 6가지 감정은 가짓수가 점점 많아지게 된다. 즉 6가지 감정마다 강도와 정도에 따라 감정의 폭이 넓어지게 된다. 이것이 바로 정서 지식이다.

사람마다 이 정서 지식의 소유 정도가 다르다. 이는 마치 사람마다 언어 풍부성이나 어휘력에 차이가 나는 것과 같다. 어떤 사람은 다양한 정서의 이름과 강도, 종류에 대해서 많은 지식을 가지고 있다. 그런데 어떤 사람은 감정의 차이를 정확하게 구별하지 못하거나 미묘한 감정의 색깔을 제대로 파악하지 못하기도 한다.

정서 지식의 활용 능력은 한 사람에게 복잡하고 정반대의 감정을 느끼게 되는 사실을 이해하는 능력도 포함된다. 예컨대 같은 사람에게서 사랑과 미움을 동시에 느낄 수 있다는 것을 이해하는 능력이다. 이는 바로 복잡한 인간관계를 이해하고 있음을 의미한다. 보통 인간관계에서 언제나 좋은 관계만이 유지되는 것이 아니며, 때로는 충돌이 일어나기도 하고 상대방이 마음에 들지 않을 때도 있다. 그러나 이러한 감정은 일시적이며 보다 크고 지속적인 감정은 '그래도 여전히 상대방을 좋아하고 있다'는 것이다. 이것이 바로 애증의 감정이다. 이러한 복잡하고 상반된 감정의 의미에 대해 아동은 정확하게 이해하지 못한다. 아동은 누군가가 좋으면 좋은 것이고 싫으면 싫은 것이기 때문에 누군가를 좋아하면서도 동시에 미워할 수 있다는 사실을 이해하지 못한다. 이는 아직까지 복잡한 인간관계를 이해하고 있지 못함을 의미하며, 다양한 관계를 형성하고 정서적 경험을 통해서 얻게 되는 능력이라고 볼 수 있다.

감정이나 기분을 정확하게 이해하고 있는 사람은 한 사람을 사랑하는 동시에 미워할 수도 있다는 사실을 쉽게 받아들인다. 그리고 사람이 느끼는 감정이나 기분이 복잡하고 다양하며 그 색깔이나 정도가 매우 범위가 넓다는 것을 잘 안다. 정서 지식의 활용 능력은 바로 이러한 사실을 잘 알고 있고 이해하고 있는가와 관련된 능력이다. 정서 지식의 활용 능력이 높은 사람이나 아동은 대인관계가 원만할 가능성이 높다. 왜냐하면 인간의 감정이나 기분의 다양함과 복잡함을 잘 이해하는 사람이라면 사람마다 다양하게 처하게 되는 상황과 입장을 받아들이려고 노력하기 때문이다.

그렇다면 자녀의 정서 지식의 활용 능력을 발달시켜주고 개발시켜주기 위한 방법은 무엇이 있을까?

그 방법은 지식을 축적하는 방법과 유사하다. 보통 자녀가 풍부한 언어 능력을 갖도록 하기 위해서 자녀가 책이나 자료를 많이 읽어서 많은 어휘들에 노출되도록 한다. 이와 마찬가지로 정서 지식의 활용 능력을 개발하기 위해서는 자녀를 감정이나 기분과 관련된 어휘들에 자주, 그리고 지속적으로 노출시키는 방법이 있다. 그래서 미묘한 감정의 차이를 알려주고, 어떤 상황에서는 어떤 감정의 단어를 사용하는 것이 좋은지 설명해준다. 이에 더하여 인간관계 속에서 상반되는 감정을 느끼는 경우가 있음을 설명해준다. 그 경우에는 단지 같은 사람에게 반대되는 감정을 느낄 수 있다는 사실을 알려주기보다는 구체적인 주변의 사례를 이야기해주는 것이 좋다. 이것이 정서에 관한 지식의 축적 과정이다.

5. 정서의 조절 능력

정서의 조절 능력은 정서 지능의 가장 핵심적인 내용이라고 할 수 있다. 정서의 조절을 한마디로 정의 내리자면 자신의 감정이나 기분을 상황에 따라 적절하게 통제하고 조절하는 능력이다. 즉 화가 나고 짜증이 나면 그것을 폭발시켜 분통을 터뜨리거나 옆의 사람을 불편하게 하는 것이 아니라, 일단 자신의 내부에서 그것을 객관적으로 바라보면서 통제하는 능력이다. 어떻게 보면 자신의 감정, 사고, 행동에 대한 반성 능력과도 일맥상통한다고 볼 수 있다.

친구들로부터 놀림을 받았을 때 분통을 터뜨리거나 자신을 놀린 아이를 때려주는 것이 아니라, 자신이 느끼는 감정과 행동을 심사숙고하는 아이를 종종 목격하게 된다. 이런 아이들은 단순히 감정을 억누르고 참는 것이 아니라 미래의 결과를 내다보고 참기 때문에 억지로 참는 아이와 많은 차이가 난다. 그저 참는 아이는 금방이라도 터져나올 것 같은 감정을 억지로 눌러대느라 엄청난 스트레스를 갖게 된다. 그렇지만 앞을 내다보고 당장의 화가 나는 것을 참는 아이는 미래를 위한 자신의 선택이기 때문에 별로 스트레스를 받지 않거나 받더라도 앞의 경우와는 큰 차이가 있다.

감정과 기분의 조절이나 통제의 과정은 보통 세 단계를 거친다.

첫 번째 단계에서는 상황 속에서 경험하게 되는 감정이나 기분을 그대로 받아들인다. 그대로 받아들인다고 해서 화가 나는 것을 그대로 받아들여 버럭 화를 내는 것을 의미하지는 않는다. '아, 내가 지금 화가 났구나'라고 인정하는 것을 의미한다. 자신의 감정이나 기분을 그대로 받아들이고 인정하지 않으면 감정의 조절이나 통제를 할 수 있겠는가?

두 번째 단계에서는 받아들인 감정이나 기분을 객관적으로 바라본다. '내가 화를 낼 만한가?', '나는 지금 얼마나 화가 나 있는가?'라는 자신의 감정과 기분에 대한 객관적이고 차분한 분석이 필요하다. 누구나 '나'를 중심으로 생각하게 되면 주관적으로 판단하고 행동하기 때문에 자신을 객관화시켜서 바라보면 주관적이고 편협한 마음에서 어느 정도 벗어날 수 있을 것이다. 그런 의미에서 감정과 기분의 객관적인 바라보기가 필요하다.

세 번째 단계에서는 실제적인 조절과 통제를 하게 된다. 이 때 중요한 것은 자신만의 조절 방법과 전략이 있는지의 여부이다. 누구나 화가 나거나 분노를 느낄 때 사용하는 자신만의 방법이 있을 것이다. 사람들과 떨어져서 혼자 분을 삭이는 방법, 10부터 1까지 거꾸로 세는 방법, 즐겁고 유쾌한 생각을 해서 불쾌한 감정을 털어버리는 방법 등 다양한 방법이 있다.

만약 자기만의 조절 방법이 없다면 이러한 감정에 잘 적응할 수 있는 정서조절 능력을 향상시켜주기 위한 방법이나 전략을 개발하는 것도 좋을 것이다.

그렇다면 자녀의 정서조절 능력을 향상시켜주기 위한 방법은 무엇이 있을까? 정서조절 능력이 가장 상위의 능력이기 때문에 발달시켜주기 위한 방법이 쉽지만은 않을 것이다. 실제적인 방법은 자녀에게 적합한 조절 전략을 개발해주는 것이다. 자녀와 대화를 통해서 적합하고 자녀가 잘 적응할 수 있는 독특한 방법을 개발해주어야 한다. 앞에서 기술한 여러 가지 방법 중에서 선택해도 좋을 것이고, 부모의 방법을 함께 실천해보도록 유도하는 것도 좋은 방법이 될 것이다.

Tip

- 정서 지능은 정서의 인식과 표현 능력, 감정이입 능력, 정서의 사고 촉진 능력, 정서 지식의 활용 능력, 정서의 조절 능력으로 구성된다.
- 정서의 조절 능력은 정서 지능의 가장 핵심적인 능력이다.
- 자녀에게 가장 적합한 정서 조절 전략을 부모가 개발해주는 노력이 필요하다.

정서 지능의 출발점은 두뇌다

그렇다면 정말 정서 지능이라는 능력이 존재하는 것일까? 이런 의문을 해결하기 위해서 최근의 과학자들은 인간의 심리적인 변인(變因)이나 능력을 뇌의 기관과 기능을 중심으로 설명함으로써 실제로 정서 능력이 존재함을 보여주고자 노력하고 있다. 예컨대 다중 지능의 경우, 각 지능이 상당히 개별적인 능력이라면 실제로 그 지능을 담당하는 뇌 영역도 다르다고 본다. 그래서 가드너는 뇌손상 환자들을 찾아다니면서 뇌의 어떤 영역이 손상되면 어떤 능력이 작동하지 않는지를 조사했다.

또한 한 지능의 전문가로서 높은 능력을 가진 사람이 어떤 뇌의 영역이 가장 활성화가 잘 되는지 알아보았다. 가령 언어 지능이 높은 작가나 시인들의 뇌를 촬영했을 때 뇌의 어떤 영역이 활발히 움직이는가를 알아보는 방식이다.

정서 지능도 마찬가지의 연구방법들로 실제로 능력으로서 존재함을 입증했다. 사실 정서 능력과 관련한 연구 결과는 상당히 오래 전에 이미 밝혀졌다. 그 대표적인 사례가 바로 피니어스 게이지(Phineas Gage)라는 철도 노동자이다.

피니어스 게이지는 1848년 미국의 서부 철도 공사장에서 일하던 사람이었다. 그는 정직하고 사람들에게 신뢰를 주었으며, 예의가 바르며 완벽한 사람으로 평가받았다. 상사는 그가 충성심과 직업윤리가 뛰어나다고 했으며, 동료들은 그의 친절하고 배려 깊은 마음을 칭찬했다. 그러던 어느 날, 땅에 묻어 놓았던 다이너마이트가 터지면서 길이가 1미터가 넘고 무게가 6킬로그램에 가까운 철로 선이 튀어나가면서 게이지의 왼쪽 뺨을 뚫고 머리 위쪽으로 관통했다.

놀라운 것은 그런 사고에 그가 살아남았다는 점이다. 그는 바로 병원으로 실려가서 마틴 할로우(Martin Harlow)라는 의사에게 수술을 받아 건강을 회복했다. 그로부터 석 달 후, 게이지는 완쾌되어 원래의 자리로 돌아갔다. 그런데 그는 더 이상 그가 아니었다.

모든 사람들에게 친절하고 다정했던 게이지는 잔인하고 호시탐탐 사람들을 이간질시키며, 싸움을 좋아하는 완전 다른 사람이 되어 돌아온 것이다. 결국 그는 직장에서 쫓겨나고 12년을 이 직장 저 직장 전전하다가 혼자 쓸쓸히 죽음을 맞이했다.

그를 치료했던 의사는 그가 죽은 후에 가족들의 동의를 얻어 그의 사체를 연구했다. 연구 결과 그는 폭파 사고로 이마 부분의 전두엽이 크게 망가져 있다는 것을 알게 되었다. 인간의 감정을 관리하고 이성적으로 행동할 수 있게끔 판단하는 뇌의 영역은 바로 전두엽, 특히 전전두엽에 있다.

우리의 뇌에서 전전두엽은 일종의 CEO의 역할을 담당한다. 즉 의사를 결정하고, 충동을 통제하며, 뇌의 다른 영역의 기능을 조절한다. 이러한 전전두엽이 손상되었다면 이성 능력이 상실되었다고 보아도 무방하다. 결국 피니어스 게이지는 사고로 인해 집행부를 상실하고 감정만 있는 동물에 가까운 사람으로 나머지 인생을 살았다고 보아도 무방하겠다.

피니어스 게이지 이후에 많은 연구들을 통해서 인간이 정서를 느끼는 뇌의 영역과 정서를 관리하는 영역이 다르다는 것이 밝혀졌다. 이를 보다 자세히 설명하기 위해서 정서 지능과 관련된 주요 뇌 구조에 대해서 설명하도록 하겠다. 이해를 돕기 위해서 뇌구조의 그림을 하나하나 살펴보면서 읽어나가기 바란다.

인간 뇌의 가장 깊은 곳에 자리 잡고 있는 것은 뇌간이라고 부르는 것인데, 뇌간은 심장박동, 호흡, 본능적 행동 등을 담당하는 생명 중추이다. 뇌간을 감싸고 있는 외부의 뇌의 영역을 대뇌 변연계라고 한다.

대뇌 변연계는 정서를 담당하는 영역이다. 대뇌 변연계 내에서 특히, 편도체(amygdala)가 핵심적 역할을 담당한다. 아몬드 모양의 작은 편도체는 판단 및 사고를 담당하고 있는 대뇌피질과 신피질에 앞서 인간의 정서 문제를 담당한다. 따라서 편도체가 손상되면 어떤 사건이 발생했을 때 그 상태를 올바르게 판단할 수 있는 정서 능력을 상실하게 된다.

편도체는 돌발적인 일이 일어나면 쉽게 공포나 분노의 착란 상태

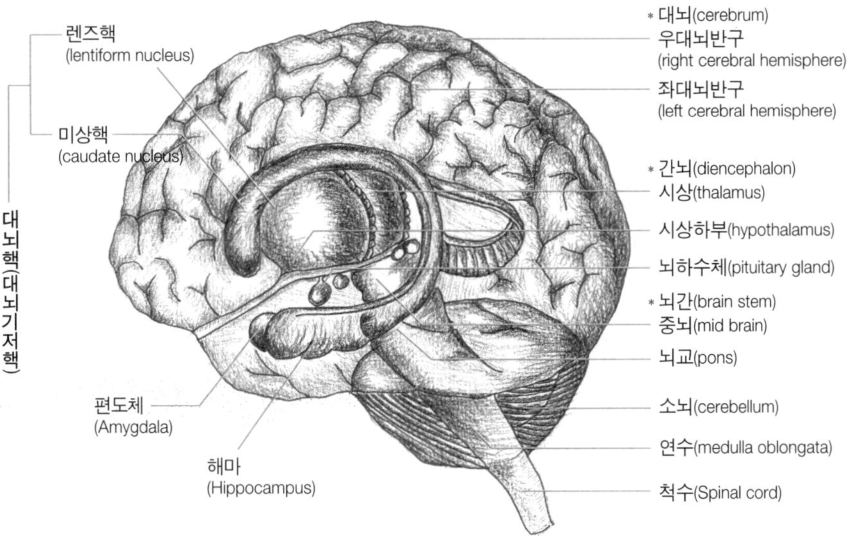

에 빠진다. 예를 들어, 어두운 구석에 누군가 숨어 있다가 갑자기 튀어나와 놀라게 했을 때 편도체에서는 공포를 발생시킨다.

입양해 키우는 아이가 밤에 지나치게 울어 밤잠을 설치자 순간적으로 화가 나서 아이를 질식시켜 죽게 한 양아버지의 뇌에는 편도체가 만들어낸 분노라는 감정이 압도하고 있었을 것이다.

대뇌 변연계의 바깥쪽에는 대뇌피질이라는 영역이 있다. 우리가 '뇌'라고 부를 때는 통상적으로 이 부분을 말하는 것으로 의식적 사고와 이성적 작용을 담당하며, 우리 뇌의 80퍼센트를 차지한다. 피질은 꽤 넓은데, 정서 지능과 관련된 영역은 전두엽이다. 전두엽 중 전전두엽은 이마 뼈 바로 뒤에 있는 부분으로 미래의 계획 세우기, 결과 고려하기, 정서 충동 조절하기 등의 역할을 담당한다. 즉 정서 지능의 핵심

두뇌 영역이 되는 것이다.

최근에 신경과학자들이 흥미로운 연구 결과를 발표했는데, 편도체에서 대뇌피질로 연결되는 신경관다발이 있다는 것이다. 기이하게도 신경관다발의 연결이 잘 형성된 사람이 있는가 하면 그렇지 않은 사람도 있다고 한다. 신경관다발의 연결이 잘 되어 있지 않거나 편도체가 손상되어 있으면 공포나 분노의 착란 상태에 있을 때 그대로 범죄 행위로까지 이어지게 된다.

이 신경관다발이 제대로 형성되지 않은 사람, 즉 편도체와 대뇌피질이 원활하게 소통되지 않는 사람은 감정의 통제가 제대로 이루어지지 않는다. 파충류는 동료들끼리도 싸울 뿐만 아니라 자기의 새끼까지도 잡아먹는다. 살모사의 경우가 대표적이다. 대부분의 동물은 자기의 새끼를 보호하기 위해서 자신의 몸을 희생하기까지 한다. 그렇지만 살모사는 배가 고프면 눈앞에 있는 먹이를 닥치는 대로 먹어치운다. 그 대상이 자기의 새끼라고 하더라도 말이다. 그럴 수밖에 없는 이유는 살모사는 편도체와 대뇌피질이 아예 연결되어 있지 않기 때문이다. 살모사는 대뇌피질이 아예 존재하지 않는다. 그래서 원초적인 감정인 배고픔을 느끼면 아무런 생각 없이 먹어치우게 된다. 먹고 싶다는 욕구를 통제할 수 있는 뇌의 기능이 없는 것이다. '이건 절대 먹어서는 안 되는 것이다, 먹지 말자.'라는 판단 자체를 할 수 없는 상태이다.

그러면 앞에서 말한 편도체가 손상되었다는 것은 어떤 상태일까?

물론 사고에 의한 물리적인 손상도 있다. 하지만 간과해서 안 되는 것은 정신적인 충격에 의한 손상이다.

인간의 두뇌에서 신피질은 판단과 사고 등 사물에 대한 사실 자체를 기억하는 것에 비해 편도체는 그 인지에 따른 정서 상태를 기억한다.

옛말에 '자라 보고 놀란 가슴 솥뚜껑 보고 놀란다.'라는 말이 있다. 인간의 뇌에서 편도체의 기능을 잘 설명해주는 말이다. 즉 대뇌피질이나 신피질에서 앞에 놓인 사물이 솥뚜껑이라는 것을 채 인식하기도 전에 편도체에서는 자라를 보고 놀랐을 때의 그 놀란 정서를 기억하고 그만 또 놀라버리는 것이다. 몸은 그 놀란 정서에 따른 혼란스러움의 반응으로 화학분비물을 내보내 심장이 뛰게 되고, 공포감에 사로잡혀 경직되어진다.

이처럼 편도체는 정서 기억의 저장고이다. 그래서 과거에 매질을 심하게 당했다거나 철저하게 무시당했다거나 충격적인 위기 상황에 처했던 정서 기억 자체를 편도체의 손상으로 본다. 편도체가 타격을 받은 상태 속에서는 어떤 상황도 제대로 느끼고 평가하고 인지하여 행동할 수가 없다.

뇌의 신경세포는 태아기에, 신경 배선의 주요 부분은 유년기에 그 대다수가 만들어진다. 편도체의 반응은 신피질이 완전히 발달하기 이전부터 나타나는데, 출생시부터 빠르게 성숙하며 말을 배우기 이전에 형성된다.

편도체를 통해서 지나가는 감정은 애정, 열정, 공포, 분노 등 인간의 감정 중에서 가장 원초적이고 강렬한 것들이다. 이 감정회로는 이성을 압도하는 힘을 갖고 있다. 편도체는 애정이나 열정, 공포나 분노와 관련이 있을 뿐만 아니라 인간의 눈물과도 관련이 있다. 인간에게 편도체가 없다면 슬픔의 결정체인 눈물은 흘리지 않을 것이다.

요즈음 부모들은 영재교육에 대한 관심이 매우 높다. 그래서 조기

교육을 시킨다. 하지만 이와 같은 뇌 구조의 발달 순서를 알고 나면, 근시안적으로 IQ를 높이는 영재교육보다는 올바른 감성을 키워주는 가정에서의 정서교육이 아이의 먼 훗날까지를 생각했을 때 훨씬 중요하다는 점을 깨닫게 될 것이다.

Tip

- 뇌 구조의 발달 순서를 알고 나면 근시안적인 영재교육보다는 아이의 먼 훗날까지를 생각하는 정서교육이 훨씬 중요하다는 점을 깨닫게 된다.
- 편도체가 손상되면 어떤 사건이 발생했을 때 그 상태를 올바로 판단할 수 있는 정서적 능력을 상실하게 된다.
- 편도체를 통해서 지나가는 감정은 애정, 열정, 공포, 분노 등 인간의 감정 중에서 가장 원초적이고 강렬한 것들이다. 이 감정회로는 이성을 압도하는 힘을 갖고 있다.

정서 지능이 높은 아이
VS
정서 지능이 낮은 아이

정서 지능이 높은 아이와 낮은 아이는 어떻게 다르고 어떤 모습으로 성장할까?

이를 구체적으로 밝히기 위해서 미셸(Mischel) 박사는 20여 년의 종단 연구를 시행했다. 그는 1980년대 초반에 만 4살 정도의 유아 200명을 한 실험실에 모아 놓았다. 그리고는 아이들이 좋아하는 과자인 마시멜로를 보여주었다. 상상을 해보라. 네다섯 살 정도 되는 꼬마들이 얼마나 왁자지껄하며 좋아했을지. 그런데 미셸 박사는 이 어린아이들에게 이런 제안을 했다.

"너희들은 지금 이 마시멜로 한 개를 먹을 수 있단다. 하지만 선생님이 밖에 다녀올 때까지 기다리는 사람은 두 개씩 주겠다."

그리고는 밖으로 나와 실험실을 들여다보았다. 이 방은 바깥에서는 볼 수 있지만, 안쪽에서는 볼 수 없는 일방향 거울 방(one-way mirror)이었다. 실험실에는 참으로 재미있는 광경이 벌어지고 있었다. 미셸 박사가 문 밖으로 나오자마자 냉큼 집어먹는 아이가 있는가 하면, 두 개를 먹을 마음에 꾹 참다가 먹고 싶은 욕구를 참지 못해 중간에 먹어버리는 아이도 있었다. 미셸 박사가 돌아올 때까지 꾹 참는 아이들도 있었다. 그런데 더 재미있는 것은 끝까지 꾹 참는 아이들은 먹고 싶은 욕구를 잊기 위해 나름대로의 전략을 가지고 시간을 보내고 있었다는 점이다. 어른의 입장에서 볼 때 이 꼬맹이들이 과연 무엇을 할 수 있을까 하는 생각이 들겠지만, 감정을 조절하고 통제하는 다양한 전략을 보이더라는 것이다. 놀이를 하며 애써 먹고 싶은 마음을 잊으려는 아이, 노래를 흥얼거리는 아이, 심지어 기도하다가 잠드는 아이도 있었다.

미셸은 이 세 집단의 아이들, 즉 먹고 싶은 욕구를 참지 못하고 즉시 먹은 집단, 중간에 포기한 집단, 끝까지 참아내어 두 개를 받은 집단으로 나누어 그 후의 아이들의 삶의 모습을 20여 년간 종단 추적하며 살펴보았다.

아예 처음부터 먹고 싶은 욕구를 참지 못했던 첫 번째 집단과 중간에 포기한 두 번째 집단의 경우 나이가 들어갈수록 학교나 가정, 또래의 관계에서 참을성이 없고 정서의 통제 능력이 부족하여 외톨이가 되거나 문제 학생으로 지목받기도 했다. 이 집단의 부모조차도 아이들과 관계 맺기가 어렵다고 진술했다.

끝까지 잘 참아낸 세 번째 집단의 경우, 학교와 가정, 또래 관계 등의 모든 상황에서 좋은 관계를 유지하며 사회성이 매우 발달한 아이들로 성장했다. 학교에서는 누구나 이 집단의 아이들과 친구를 하고 싶어

할 정도였다.

특히 성적 면에서 두 집단의 차이가 두드러졌는데, 미국의 대학수학능력시험(SAT; Scholastic Aptitude Test)에서 200점에서 500점 정도의 차이가 나타났다.

이 실험이 바로 정서 지능 개념을 등장하게 한 그 유명한 '마시멜로 실험'이다. 마시멜로 실험은 바로 정서 지능의 구성요소 중 일부가 되는 만족지연 능력의 영향력을 알아보는 것으로 알려져 있다.

정서 지능이 높은 아동의 특징에 대해 일반 대중들에게 말하게 하면 '눈물을 잘 흘린다'거나 '감정이 풍부하다' 등으로 흔히 표현한다. 그러나 이것은 정서 지능의 개념을 잘못 이해하거나 오해한 것이다. 정서 지능은 그야말로 인간이 가진 인지적 능력 중 하나라고 볼 수 있다. 인지적 능력은 매우 다양하다. 계산 능력, 추론 능력, 판단 능력, 이해 능력 등으로 말이다. 하지만 정서 지능과 관련된 인지 능력은 이보다 훨씬 복합적이고 복잡한 능력이라고 볼 수 있다. 왜냐하면 사람과 사람 사이에서 발생하는 정서나 감정, 그리고 스스로의 감정이나 정서를 읽고 이해하는 것은 단순히 단어나 수학공식을 외우는 것보다 많은 자극들이 포함되기 때문이다.

결국 정서 지능은 사람이나 자신과 타인의 정서를 인지적으로 잘 다룰 줄 아는 지적 능력(Intelligence)인 것이다. 쉽게 말해 정서 지능이 높은 아이는 '눈치'가 발달한 아이라고도 볼 수 있다. 그렇다면 부모님들은 이런 궁금증이 생길 것이다. 우리 아이는 정서 지능이 높을까? 확실하게 알아보는 방법은 심리검사를 통해 정확한 수치를 알아보는 것이지만, 대략 다음과 같은 특징을 가진 아이들이 정서 지능이 높다고 볼 수 있다.

그런데 유의할 점은 정서 지능은 서로 다른 개념의 구성요소들이 모여서 만들어진 것이기 때문에 개괄적이고 일반적인 특징이 아닌 구성요소별 특징이 있다는 점이다. 그럼 구성요소별로 정서 지능이 높은 아이들을 살펴보기로 하자.

1. 감정을 정확하게 읽어내고 감정적인 표현이 풍부한 아이

정서 지능의 첫 번째 구성요소에 포함되는 정서인식과 표현 능력은 아이가 자신과 다른 사람의 감정을 정확하게 파악하고 상황에 맞게 정서적 표현을 잘 하는 능력을 말한다. 정서인식과 표현 능력이 높은 아동에 대한 자세한 특징은 이렇다.

- 아이가 자신이나 주변 사람들의 감정, 정서 등을 정확하게 알아차리며 주변 사람의 입장에서 잘 이해한다.
- 자신의 감정을 매우 정확하고 다양하게 잘 표현한다
- 다른 사람들의 기분을 바꿀 수 있을 정도로 정서적 표현을 잘 한다

2. 하기 싫은 일도 스스로를 달래면서 잘 해내는 아이

정서 지능의 두 번째 구성요소는 정서의 활용 능력으로서 아이가 자신의 감정을 활용하여 자신이 해야 할 과제를 효율적으로 해내는 능력을 말한다. 정서의 활용 능력이 높은 아동에 대한 특징은 이렇다.

- 아이가 스스로 해야 할 일의 우선순위를 적절하게 생각해내어 계획을 세운다.

- 해야 할 일이 있을 때 '나는 할 수 있다'라고 스스로를 격려하고 동기화하여 끝까지 해낸다.
- 다른 사람들이 처한 상황이나 입장을 이해하고, 주변 사람들의 여러 관점을 정확하게 취해볼 줄 안다.

3. 감정적 표현이 매우 다양하고 왜 그런 감정을 느끼는지 잘 아는 아이

정서 지능의 세 번째 구성요소는 정서 지식을 이해하는 능력으로서 감정과 관련된 표현이나 정보, 지식을 다양하게 이해하는 능력을 말한다. 예를 들면, 누군가를 미워하면서도 사랑할 수 있다는 '양가의 감정'을 이해한다거나, '화'라는 감정도 격분, 분노, 짜증 등으로 세분화될 수 있다는 것을 잘 아는 것을 가리킨다. 즉 감정의 종류와 강도를 이해하는 능력을 말한다. 세 번째 능력이 높은 아동에 대한 자세한 특징은 이렇다.

- 아이가 감정의 미묘한 차이를 잘 이해하고, 어떤 상황에서 어떤 감정이 발생하는지를 정확하게 알고 있다.
- 아동 자신이 표현하는 감정이나 정서가 왜 일어났는지를 분석할 줄 안다.
- 아동 자신의 감정을 상황에 맞지 않게 표현하거나 반응을 보였을 때 나타날 수 있는 부정적인 결과를 잘 이해한다.

4. 자신을 들여다보면서 감정을 통제하고 조절하는 아이

정서 지능의 네 번째 구성요소는 정서조절 능력으로서 단순히 억제하거나 참는 것이 아니라 감정이 일어나는 데 관련되어 있는 사람들과의 관계 등을 고려해가면서 통제하고 관리하는 능력이다. 예를 들면, 아동이 화가 나서 화풀이를 하고 싶지만, 지금 누군가에게 마구 화를 낸다면 그 사람과의 관계가 악화될 것이라는 것을 예측하면서 참는 것을 말한다. 네 번째 능력은 정서 능력 중 가장 높은 수준이다. 그 자세한 특징은 이렇다.

- 아이가 자신에게 발생하는 부정적인 감정, 즉 분노나 짜증 등을 억지로 참는 것이 아니라 자신만의 전략을 통해서 해소할 줄 안다. 예를 들어, 화가 났을 때 즐거웠던 일들을 떠올리거나 기분을 전환하는 방법을 실천한다.
- 다른 사람들의 감정을 이해하여 다른 사람들의 입장에서 기분을 풀어주려고 노력한다.

이런 특징들을 가진 아이들이 비교적 정서 지능 높은 아이라고 볼 수 있다. 이 특징 하나하나를 살펴보면서 자녀의 모습을 떠올려 보았을 것이다. 어떤 특징은 바로 우리 아이가 가진 것이지만, 어떤 특징은 아예 없거나 아니면 그 반대의 특징을 가진 것을 발견하고 실망할 수도 있다.

그렇지만 실망할 필요는 없다. 계속 강조하지만 정서 지능은 능력이다. 능력이라는 것은 교육과 노력에 의해서 얼마든지 향상되고 발달할 수 있음을 의미한다. 즉 적절한 방법과 내용으로 아이들을 교육한다면 얼마든지 정서 지능이 높은 아이가 될 수 있다. 다만 이 때 중요한 것은 꾸준히 해야 한다는 점이다. 정서 지능의 개념을 세상에 널리 알리는 데 공헌한 대니얼 골먼에 의하면, 하나의 능력이나 기술과 관련한 뇌세포들 간의 회로는 적어도 6개월의 노력에 의해서 형성된다. 이를테면, 화가 날 때 이를 해소하는 아이 나름대로의 전략이 완전히 내 것으로서 뇌세포 회로가 만들어지는 데 6개월의 시간이 필요하다는 뜻이다. 그러므로 아이의 정서 지능 뇌세포를 발달시켜 주기 위해서는 먼저 부모 자신의 참을성과 인내가 요구된다.

Tip

- 정서 지능은 하나의 능력으로서 교육과 노력으로 높일 수 있다.
- 아이의 정서 지능을 충분히 높이기 위해서는 부모 자신의 충분한 인내가 필요하다.

2장

최고가 된 사람들의 정서 능력

난관을 이겨낸 정조의 마음 능력 | 백범 김구 선생의 정서 지능 | 성차별 시대를 정서 능력으로 극복한 신사임당 | 희생정신의 상징 테레사 수녀의 정서 지능 | 정서 지능에서 출발한 알프레드 왕의 책임감 | 정의로운 마틴 루터 킹 목사의 정서 능력 | 정서 지능의 산물, 뉴턴의 창의성 | 대한민국 신천재들의 뿌리, 김연아와 박태환의 정서 능력 | 대통령이 지녀야 할 정서 지능 | 서울대생들의 정서 지능 분석 | 아들의 인생을 바꾼 칼 비테의 부모의 정서 지능

난관을 이겨낸 정조의 마음 능력

드라마의 영향 때문인지 정조 이산에 대한 세간의 관심이 뜨거웠다. 극의 재미를 위해 정치적 음모나 인간적인 사생활 등에 초점을 맞추어 정조의 삶을 보여주었는데, 실제로도 그는 드라마 같은 인생을 살았을 것으로 생각된다.

상상해보라. 열한 살이라는 어린 나이에 아버지가 뒤주에 갇혀 죽는 것을 목격하고, 권력에 눈이 먼 사람들에 의해서 끊임없이 생명의 위협을 받은 삶이 어떠하겠는가. 그는 정말 파란만장하고도 기구한 운명을 살았다고 볼 수 있다.

어떻게 생각하면 정조는 인간성이 파괴되고 복수심에 불타서 생을 마감할 수도 있는 충분한 환경에 처해 있었다고도 볼 수 있다. 하지만 그는 조선 시대의 어떤 왕보다 인간평등을 실현하고 백성들을 평안하게 살 수 있도록 인정(仁政)을 펼쳤다.

한시도 마음 편하게 살 수 없는 조마조마한 상황 속에서 그를 성군으로 만든 것은 과연 무엇이었을까?

그는 성군이 되기 위해 끊임없이 공부하는 학자 군주였고 자신을 보호하기 위해 무예를 연마한 무인 군주였다고 하지만, 무엇보다 그를 지탱시키고 훌륭한 위인으로 성장시킨 것은 바로 정서 능력이 아닐까 싶다.

정조의 아버지는 알려진 대로 사도세자이다. 사도세자는 역사적으로 볼 때 무척 총명하여 아버지인 영조 대신 대리청정까지도 했으나, 영조 시대부터 정권을 좌지우지하며 온갖 폐해를 저질렀던 노론에 반대하여 억울하게 죽임을 당하게 된다.

그런 아버지를 둔 정조는 왕이 된 후에도 자신을 반대하는 외척들이 자신의 동생을 왕으로 추대하기 위해 50명이나 되는 자객을 보내어 그를 죽이려는 위험에까지 몰리게 된다. 매일 얼굴을 마주치고 심지어 친척이 되는 신하들이 자신의 생명을 노리고 있다고 한다면 정신적으로 큰 충격을 받지 않았을 리 만무하다.

아마도 평범한 사람이라면 사람을 믿지 못하게 되고 왕의 권한으로 살육을 감행했을지도 모른다. 그러나 정조는 복수보다는 관용과 포용을 선택한 왕이었다.

아버지의 죽음으로 복수를 생각하기보다는 오히려 그것을 거울로 삼았고, 자신에 반대하는 사람들을 밀쳐내어 반작용을 만들어내기보다는 파트너십을 발휘하여 함께 화합하려고 했다는 기록도 있다.

이것이 바로 정서 능력이다. 정조는 노론 신하들의 감정과 정서를 간파하고 읽어낼 줄 아는 정서인식 능력뿐만 아니라, 타인의 마음을 어떻게 하면 움직이고 감정을 바꿀 수 있을지를 아는 정서조절 능력의 대가였던 것이다.

특히 단순히 정서를 바꾸거나 억지로 통제하려고 하는 것이 아닌 반성적이고 성찰적인 전략을 사용하는 정서조절 능력이 역대 왕들에 비해 월등히 뛰어났던 것으로 보인다. 정조와 비슷한 역사적 배경 속에 살았던 조선의 왕 중 하나가 바로 광해군이다. 광해군은 자신을 반대하는 신하들의 당파를 왕이 된 후에 완전히 몰아내고 심지어 계모였던 인수대비까지 폐비시켰다. 광해군은 어떻게 보면 자신의 정서조절에 실패한 인물이라고 볼 수밖에 없다. 이런 행동은 바로 그를 왕위에서 내쫓기게 만드는 명분을 준 꼴이 되었다.

그에 비해 정조는 이런 과거의 일들을 거울삼아 사람들의 마음을 읽어내는 능력까지 발휘하여 자신을 반대하던 사람들과 자연스럽게 화합하면서도 자신이 생각했던 개혁을 시도한 것이다. 사람을 마음을 읽어내지 못한다면 어떻게 사람을 움직일 수 있었겠는가.

또한 정조는 백성에 대한 감정이입 능력도 뛰어난 인물이었던 것으로 보인다. 정조는 역대 왕들 중 가장 많은 궁궐 밖 행사를 거행한 것으로 알려져 있다. 궁궐 밖 행사는 단순 행사가 아니라 백성들의 민원을 직접 듣기 위해 마련한 한 방편이었다. 궁궐 안에서만 업무를 보다 보면 실질적인 민생이 아닌 탁상공론이 되기 쉽다고 생각했으며, 아프고 굶주린 백성들의 마음을 이해하고 이를 직접 어루만져주고자 하는 노력이었던 것이다.

아마도 정조는 타인의 입장과 관점에 맞추어 정서를 조절하고 관리하는 전략과 방법을 알았던 뛰어난 정서 지능의 소유자였을 것이다.

한 국가 혹은 한 조직을 책임지기 위해서는 여러 가지 능력이 필요하겠지만, 무엇보다 사람과 사람 사이에서 필요한 능력은 바로 정서 능력이 아닐까라는 생각이 든다.

백범 김구 선생의 정서 지능

국가의 주권이 상실된 상태에서 민족의 지도자가 된다는 것이 얼마나 어려운 일일까? 게다가 목숨까지 노리고 있는 일본군이 언제 급습할지도 모르는 상황에 있다면 마음의 부담과 압박으로 제대로 생활하기도 어려울 것이다.

누구의 이야기인가 하면 바로 백범 김구 선생의 이야기다. 암살당하기 전까지 백범이 마음 편하게 지낸 순간이 과연 얼마나 될까 하는 생각이 든다. 아마도 생의 대부분의 시간을 국가와 민족을 위해 살았을 것이고, 그의 머릿속은 나라의 안위와 조국의 독립으로 가득 차 있었을 것이다.

독립투사로서 그리고 한국 민족주의의 완성자로서 그는 위인임에 틀림이 없다. 그런데 위인으로서 가지고 태어날 법한 여러 가지 능력과 배경을 살펴보면 백범은 평범하다 못해 초라하기까지 하다. 그의 집안은 명문 집안도 양반도 아니었으며, 가난한 살림에 이끌어줄 만한 친척 한 명 없었고 그 자신도 그저 평범한 소년일 뿐이었다. 무엇하나 잘 한다는 칭찬도 받지 못했고, 어떤 방면에서도 기량을 보인 적도 없었다.

그렇다면 어떻게 그는 민족의 지도자이자 별이 되어 한 국가의 독립을 이끄는 데 선봉에 섰을까? 또한 백범을 그 자리에 서도록 만든 능력은 과연 무엇일까?

많은 사람들은 이에 대해서 능력보다 백범의 인품이 그를 지도자로 만들지 않았겠나라고 생각하지만, 인품은 그의 능력이 빚어낸 결과물일 뿐이며 백범은 어느 누구보다 높은 정서 능력의 소유자였다고 볼 수 있다.

백범은 쉴 새 없이 자신의 감정과 기분과 생각을 민족에 맞추고 관리하며 통제하는 자신의 정서조절 능력의 대가였다고 볼 수 있다. 생명의 위협이 너무도 컸기 때문에 독립운동을 외국으로 망명하여 진행하라는 주변의 권유에는 눈도 돌리지 않았다. 오히려 자신이 혹여라도 그런 마음을 품을까봐 자신을 들여다보고 반성하는 일을 게을리 하지 않았다고 한다.

정서 능력의 초석은 바로 자기인식 능력이다. 자신의 생각, 느낌, 감정, 기분 등을 철저히 들여다보고 규명하며 이해할 수 있을 때 활용도 할 수 있고 조절도 가능해지는 것이다. 백범은 이런 정서인식 능력이 높았기 때문에 한 치의 부끄러움도 없는 독립활동을 할 수 있었을 것이다.

범죄를 저지르는 사람들의 공통적인 특성 중 하나가 범죄 행위를 저지를 때 '내가 지금 무슨 행동을 하고 있는가, 나는 지금 제대로 가고 있는가.' 등의 생각이 까맣게 잊혀지고 일이 벌어진 후에 그때서야 정신을 차리고 '아, 지금 내가 무슨 짓을 저지른 거야.'라며 후회를 한다는 것이다. 나를 들여다보고 반성하며 파악하는 능력, 즉 정서인식 능력이 사라진 상태이다.

백범은 이를 알고 있었던 것일까? 그는 자신의 생각과 기분을 매 순간마다 점검하며 심지어는 자신의 마음이 조금이라도 느슨해질까봐 자신을 통제하는 방법으로 이순신의 시를 외우기도 했다.

자신에게는 엄격한 반면, 그는 다른 사람의 마음을 녹이고 따뜻하게 대하며 관대했다고 하는데, 이는 백범이 타인에 대한 높은 감정이입 능력도 가지고 있었음을 암시하는 것이다. 개인적인 관계에서 뿐만 아니라 정치 강령에서도 이것이 잘 나타나 있다. 백범은 임시 정부의 주요 정치적 밑바탕으로 삼균주의(三均主義)를 표방한 바 있다. 즉 재산, 정치, 교육을 민족 전체가 균등하게 나누자는 이상을 갖고 있었다.

백범은 가난한 집안에서 태어나 어릴 때부터 양반들에게 온갖 설움을 당하고, 약하고 갖지 못한 사람들의 아픔을 겪었던 것이다. 이러한 경험이 다른 사람의 고통과 좌절을 자신의 것으로 받아들이고 공감하는 감정이입 능력으로 이어졌으며, 감정이입 능력을 바탕으로 삼균주의라는 위대한 정치적 이상이 만들어진 것이다.

진정한 영웅은 어두운 시대 속에서도 자신을 철저히 관리하면서도 아픔을 가진 이들에게 관대하며 이해하는 따뜻한 '마음'을 지닌 사람이다.

성차별 시대를 정서 능력으로 극복한 신사임당

'신사임당' 하면 떠오르는 이미지는 현모, 양처, 효녀 그리고 이율곡 선생일 것이다. 과거 결혼을 앞둔 여성들은 '신사임당과 같은 현모양처가 되고 싶다.'는 이야기를 하기도 했으며, '신사임당과 같은 사람이 되라.'는 덕담을 듣기도 했다. 그만큼 신사임당은 사대부 부인의 법도와 예의를 다한 표상으로 비추어졌다.

그러나 신사임당의 그러한 이미지는 어쩌면 여성은 육아와 가사를 담당해야 한다고 주장하던 시대의 필요에 따라 만들어진 것일지도 모른다. 신사임당의 생애에 대해 면면을 살펴보면 그러한 생각이 더욱 굳어지곤 한다.

신사임당은 그저 묵묵히 자신을 희생하여 가족들을 위해 일생을 산 가정주부가 아니라, 한 시대에 지대한 영향을 미친 시인이자 화가였으며 학문에도 능한 문인이었다.

신사임당의 이러한 다양한 능력이 발휘될 수 있었던 것은 아마도 여성을 제도 속에만 가두어 현모양처의 교육만을 시키려고 하지 않고 능력을 키워주었던 집안의 분위기 덕분이었을 것이다. 신사임당은 외가에서 자랐는데, 어머니와 외조부는 신사임당이 어릴 때부터 보인 예술적 기질을 여자라고 가로막지 않고 자유롭게 키워주고 성장시켜줄 수 있는 교육을 받게 해주었다.

그렇지만 신사임당이 살았던 시대는 가정주부로서의 역할만을 인정해주던 조선시대였다. 여성이 남성보다 뛰어난 능력을 가질 수 있다는 생각 자체가 희미했던 시대적 배경이었다. 여성이 받을 수 있는 교육은 고작해야 살림 잘하고 아이 잘 키우는 현모양처 교육이 전부였다.

더욱이 여러 자료를 살펴보면, 신사임당은 남편보다 여러 면에서 탁월한 능력을 가지고 있었던 듯하다. 동계만록(東溪漫錄)이라는 문헌에 신사임당과 남편인 이원수의 대화가 나타나 있다. 재미있는 것은 신사임당은 남편에게 공자, 증자, 주자의 예를 들어가며 가르침을 주고 있다. 남편도 부인에게 학문적인 지도를 구하고자 질문을 하는 장면도 등장한다.

그만큼 신사임당이 여러 면에서 뛰어난 기량과 능력을 가진 사람이었을 텐데, 신사임당의 입장에서 볼 때 그 시대가 얼마나 숨막히고 답답하게 느껴졌을까. 단지 여성으로 태어났다는 이유 때문에 그저 집안에 머물고 있어야 하다니 말이다.

사실 신사임당 이외에도 놀랄 만한 예술적 능력과 재능을 가진 여성들이 여럿 있었으나, 제대로 꽃피워보지도 못하고 대부분 사라졌다.

대표적인 여성으로 허난설헌을 들 수 있다. 허난설헌은 허균의 누이로도 유명하지만, 그 당시 남성들이 따라오지 못하는 문장가이기도 했다. 허난설헌이 열여덟 살에 지었다는 '백옥루상량문(白玉樓上梁文)' 등은 중국이나 일본에서 큰 파장을 일으킬 정도였다.

그녀는 열다섯 살에 백면서생에게 시집을 가서 자신의 예술적 기질이나 능력을 억누르면서 살게 된다. 게다가 시부모와도 관계가 좋지 않았다. 남편은 글공부를 한다고 매일 밖으로 나돌고, 어디 하나 마음 둘 곳이 없었던 외로운 예술가는 그저 홀로 영혼을 달래며 하루하루를 보냈던 것이다.

그 당시 여성이라는 이유만으로 능력을 마음껏 발휘하지 못하고 답답한 삶을 살았던 것은 신사임당이나 허난설헌 모두 유사하다고 볼 수 있다. 그런데 두 사람은 삶에 대한 태도에서 큰 차이가 있었던 것으로 보인다.

허난설헌은 자신이 처한 삶에 대해서 지긋지긋하다고 느껴서인지 자신이 벌을 받고 하늘에서 쫓겨난 신선이라는 생각이 강했다고 동생 허균의 글에 전해지고 있다. 그래서 빨리 이승을 떠나 다시 신선이 되어야 한다고 상상의 나래를 펼쳤다. 그런 이유 때문인지 허난설헌은 스물일곱의 젊은 나이에 갑자기 요절을 했다.

이 점이 바로 신사임당과의 다른 점이다. 허난설헌은 좌절이나 난관을 정면으로 바라보고 낙관적인 결과를 기대하면서 스스로를 격려하여 삶을 이끌어내는 자기동기화나 낙관성이 발달하지 않았던 것으로 보인다. 그래서 현실에서 느껴지는 부정적인 측면만을 계속 생각하다 보니 가상의 세계로 도피하려던 것이 아니었을까.

비슷한 처지였으나 신사임당의 경우는 보다 적극적으로 자신의 삶을 살아낸 모습을 엿볼 수 있다. 신사임당 역시 우유부단하고 샌님 같은 남편과 같이 살면서 마음고생을 많이 한 듯하지만, 때로는 남편에게 바른 길을 안내하고 때로는 엄한 태도를 보였다. 답답한 결혼생활에 대해서 화를 내고 불평을 하기보다는 보다 적응적이면서도 적극적인 행동으로 삶에 임했던 정서 능력의 소유자이다.

신사임당은 자신의 예술적 능력을 마음껏 누리게 해준 친정 부모님과 외갓집에 대한 그리움이 컸던 것으로 보이는데, 그러한 감정에 매몰되기보다는 자신의 감정을 화폭에 담고 시에 표현함으로써 건강하게 일상에 적응하고 예술로 승화시켰던 사람이다. 이것은 바로 정서를 활용하여 자신의 능력과 기능을 향상하도록 만드는 정서활용 능력의 발현이라고 볼 수 있다.

자신 삶에서 느낄 수 있는 고단함과 답답함의 감정을 잘 조절하고 현실에 맞게 자신의 꿈을 실현한 적극적인 신사임당의 능력과 자세는 곧바로 자녀들에게로 이어졌다. 우리가 너무도 잘 알고 있는 율곡 이이 선생이 바로 신사임당의 셋째 아들로서 어머니의 영향을 가장 많이 받은 아들로 알려져 있다. 어머니의 이런 모습을 보고 자란 자식들이 어머니처럼 살아가는 것은 너무도 당연한 일이었을 것이다.

이이 선생 말고도 맏딸 매창과 넷째 아들 우 역시 당시 조선에서 내로라하는 화가이자 문장가였다.

어머니가 현실에 좌절하지 않고 자신의 능력을 발휘하는 삶을 살기 위해 정서 능력을 활용하는 모습을 곁에서 바라보는 것처럼 훌륭한 '살아있는 교육'은 바로 이런 것이 아니었을까.

희생정신의 상징
테레사 수녀의 정서 지능

마더 테레사 수녀의 이름을 한 번도 들어 보지 못한 사람은 없을 것이다. 그만큼 테레사 수녀의 명성이 자자하다는 것인데, 왜 그렇게 유명한 걸까? 그 이유는 테레사 수녀의 희생정신 때문이다.

테레사 수녀는 1928년 18세에 수녀가 된 이후 87세로 세상을 떠날 때까지 오로지 가난한 사람들을 위해 평생을 바쳤다. 노벨평화상을 수상했을 때도 상금을 나환자 구호소 건립 기금으로 내놓았고, 심장마비로 죽어가면서도 자신보다 처지가 못하여 병원 문턱에도 가보지 못하고 죽어가는 사람들을 생각하며 치료를 거부했다.

필자는 마더 테레사 수녀와 같이 오직 남을 위해 일신의 편안함을 벗어버리고 몸을 아끼지 않은 분들을 접하게 되면 '이런 분들의 행동은 과연 어떤 마음에서, 어떤 정신에서 나오는 것일까?'라는 의문이 생긴다. 답은 분명하다. 바로 희생정신이다. 남을 위하여, 다른 사람의 행복을 위하여 자신을 아낌없이 투신하는 것이다.

테레사 수녀는 종교인이기 때문에, 하나님의 말씀을 실천하기로 약속했기 때문에, 단지 자신의 종교적인 신념 때문에 남을 위해서 평생을 산 것일까? 사실 종교의 힘이 희생정신을 더욱 견고하게 지켜주지만, 그보다 그러한 정신을 이끌어내는 힘은 그녀의 내면을 이루고 있는 정서 능력에 크다고 생각한다.

테레사 수녀의 경우 여러 가지 능력 중 특히 감정이입 능력이 큰 역할을 하고 있다고 생각된다. 감정이입 능력은 공감이라는 말로 자주 쓰이는데, 사전적인 의미는 타인의 감정과 기분을 마치 자신의 것처럼 느껴보는 능력이다. 즉 입장 바꾸어 생각해보고 타인처럼 느껴보는 능력이 바로 감정이입이다.

드라마나 영화 속의 주인공들에게 닥친 시련을 보고 마치 자신이 주인공이 된 것같이 가슴 아프고 주인공의 감정이 자꾸 느껴져서 잠을 이루지 못한 경험을 해보았을 것이다. 이러한 경험을 갖게 되는 이유는 감정이입 때문이다. 흔히들 공감이라고 부르기도 한다.

타인이 슬픈 일을 겪는 것을 보면 '내가 저런 일을 당하면 얼마나 힘들고 마음 아플까.'라고 생각하게 되고, 병들어 아픈 사람을 보며 '아, 저 사람은 지금 얼마나 고통스러울까, 차라리 죽는 것이 낫다고 생각하겠지.'라고 느끼며 안타까워하는 마음, 이것이 바로 감정이입 능력이다. 흉악한 범죄를 저지르는 범죄자들을 조사해보면 감정이입 능력이 부족하다는 연구 결과를 쉽게 찾아볼 수 있다.

대다수 사람들이 감정이입 능력을 어느 정도 가지고 있지만, 마더 테레사 수녀는 훨씬 강한 감정이입 능력을 가지고 있었으리라 여겨진다. 그녀도 인간인데 편안하고 안락하게 살고 싶은 마음이 없었겠는가. 그렇지만 아픈 사람을 보면 자신도 똑같이 몸과 마음이 아픈 것처럼 느껴지고, 불쌍하고 가난한 사람을 보면 자신이 그 처지에 있는 것같이 가슴 아파서 남들을 돕지 않고는 견딜 수 없었을 것이다. 실제로 도덕적인 삶을 사는 사람들의 대부분은 바로 감정이입 능력이 높다.

필자는 신문 기사를 통해서 가수 김장훈이 가수 생활을 하면서 번 돈의 대부분을 기부하고 정작 자신은 월셋집에 산다는 것을 알게 되었다. 특히 그는 청소년 시절에 많은 방황을 하고 심지어 가출까지 했었다고 하는데, 그런 자신의 청소년 시절의 모습과 비슷한 처지의 청소년들을 위하여 선행을 많이 실천하고 있다고 한다. 그 당시를 회고하면서 "너무도 막막하고 갈 곳 몰라 답답했다."고 하는데, 그가 가출 청소년들이나 비행 청소년들을 돕는 이유도 그 때 그 심정을 겪고 있는 청소년들의 감정을 그대로 느끼고 있기 때문일 거라고 생각된다. 이런 그의 선행 역시 감정이입 능력에서부터 출발했다고 볼 수 있다.

그러면 남들을 위해서 희생하고 도덕적인 삶을 살아가도록 하는 감정이입 능력은 어떻게 만들어지는 것일까? 타고나는 것일까, 아니면 길러지는 것일까?

감정이입의 연구들을 살펴보면 인간은 원시적인 감정이입 능력을 가지고 태어난다. 갓난아기들이 있는 신생아실을 들여다보면 한 아기가 울기 시작하자마자 옆의 아기들이 별 이유 없이 따라 우는 것도 감정이입 능력을 가지고 있기 때문이다. 친구가 울고 있는 것을 보면 자신도 입을 삐죽거리며 울려고 하거나, 우는 친구를 달래려고 자신의 장난감을 주려고 하는 어린 아이도 쉽게 관찰할 수 있다. 이런 행동은 감정이입 능력을 선천적으로 가지고 있기 때문이다.

그렇지만 여기서 보다 중요한 것은 이렇게 선천적으로 가지고 태어나는 감정이입 능력을 성인이 되어서도 지속적으로 가지고 살아갈 수 있고, 더 나아가 남들을 위해서 살아가는 도덕적인 사람으로 키우는 것은 바로 양육의 힘이다. 어떻게 기르느냐에 따라 자녀의 희생정신의 존재여부가 결정되는 것이다.

그렇다면 어떻게 해야 자녀의 감정이입 능력이, 더 나아가 희생정신이 키워지는 것일까?

간단하게 자녀의 작은 행동도 주시하고 귀 기울여 보라고 말하고 싶다. 자녀가 보이는 작은 감정이입의 행동에도 칭찬을 아끼지 말고 그 행동의 가치를 설명해주는 것이다.

행동의 가치를 설명해주는 일이 어려운 것은 아니다. 휴지를 줍거나 우는 아이를 달래주고 싶어 하는 등의 지극히 사소한 행동이라도 자녀가 보이는 선행에 대해 듬뿍 칭찬을 해주는 것이 좋다. 그에 더하여 자신의 작은 희생의 마음과 행동이 다른 사람들에게 어떤 영향을 줄 수 있는지 그 소중함에 대하여 말해주어라. 이 때 잊지 말아야 하는 것은 아프고 소외된 사람들이 가지고 있는 감정을 일깨워주는 것이다. 그러면 자녀가 쉽게 다른 사람의 아픔과 고통에 공감할 수 있게 된다.

정서 지능에서 출발한 알프레드 왕의 책임감

책임감과 관련하여 흥미로운 일화 하나가 있다. 이 일화는 19세기 영국 웨스트 색슨 왕국의 알프레드 왕에 관한 것이다. 당시 영국은 혼란의 시기로 덴마크의 폭군들로부터 자주 침략을 받아 영토는 점점 피폐해지고 있는 위급한 상황이었다. 알프레드 왕의 군대 역시 덴마크의 침략자들에게 무참히 참패를 당했고, 생명의 위협까지 느낀 알프레드 왕은 양치기로 가장하여 도망 다니고 있었다.

도망 중이던 어느 날, 알프레드 왕은 한 나무꾼의 오두막을 발견하고 하룻밤 묵어가게 해달라고 간청했다. 오두막에는 나무꾼의 아내 외에는 아무도 없었다. 알프레드 왕의 추레한 차림에 동정을 느낀 나무꾼의 아내는 먹을 것을 주는 조건으로 오븐에서 굽고 있는 빵이 타지 않도록 살피라고 당부하며 우유를 짜러 밖으로 나갔다.

나라는 침략자들에게 빼앗기고 영국을 지켜야 한다는 생각으로 알프레드 왕은 얼마나 머리가 복잡했을까? 여러 가지 고민으로 여념이 없던 알프레드 왕은 빵이 까맣게 타는 줄도 모르고 있었다. 나무꾼의 아내가 돌아왔을 때 오두막은 타버린 빵의 연기로 가득 차 있었다. 머리끝까지 화가 난 나무꾼의 아내는 "이 쓸모없는 게으름뱅이야, 너 때문에 우리도 빵을 못 먹게 되었지 뭐야. 이만한 작은 일도 못해내다니!" 하며 벼락같이 화를 냈다.

바로 그 때 나무꾼이 돌아왔는데, 그는 알프레드 왕을 한눈에 알아보고 아내의 불찰에 무릎을 꿇고 용서를 빌었다. 그러나 알프레드 왕은 "제가 야단을 맞은 것은 당연한 일입니다. 빵을 지켜보는 작은 책임도 다하지 못했으니 뭐라 할 말이 없습니다. 어떤 의무가 주어졌다면 그 일이 사소한 일이건 큰 일이건 간에 책임감을 갖고 최선을 다해야 하는데 말입니다."라고 말하며 나무꾼과 아내에게 고마워하며 오두막을 떠났다.

그 후 알프레드 왕은 심기일전하여 군대를 모아 덴마크 침략자들을 무찔렀고, 영국의 역대 왕 중 가장 현명하고 지혜로운 왕으로 오늘날까지 기억되고 있다.

우리가 살면서 해야 하는 크고 작은 일들이 얼마나 많은가. 한 가정의 부모로서, 자식으로서, 사회인으로서, 지역 공동체의 시민으로서 맡겨진 일들이 정말 많은 것이 사실이다. 때로는 너무 많아서 무엇부터 해야 하는지 어쩔 줄 몰라 하는 경우도 있다.

이럴 때 필요한 덕목이 바로 책임감이다. 무엇부터 해야 할지 모르는 상황, 또는 이것저것 해야 할 일이 너무 많아서 고달픈 상황, 다 버리고 도망치고 싶은 심정을 다잡아 주고 토닥여주는 것이 바로 책임감이다.

이러한 책임감이 발휘되는 경우는 매우 다양하다. 알프레드 왕처럼 빵 굽는 것을 바라보기만 하면 되는 사소한 일부터 한 가정, 한 사회를 지키기 위한 일까지 여러 상황에서 책임감이 발휘될 수 있는 것이다. 그렇지만 이 때 중요한 것은 사소한 임무에 충실한 것이 보다 커다란 일을 하는 기초가 된다는 사실이다.

"나는 국가나 나라를 위하는 위대한 일에만 책임감을 발휘하겠다."라고 말하는 사람들이 많다면, 우리 사회를 이루고 있는 작고 사소한 일들에 대한 의무와 임무는 누가 수행해야 하는가. 작은 일이건 큰 일이건 일의 규모를 떠나 맡은 일에 소임을 다해야 하는 것은 당연한 일이다.

이 때 생각해 보아야 하는 것이 책임감을 지속시켜주고 이끌어주는 힘이 무엇인가이다. 알프레드 왕이 만약 자신의 일신만을 지키고자 했다면 영국이 덴마크의 침략자들에게 무참히 짓밟혔을 것은 불을 보듯 뻔한 일이다. 나무꾼의 아내에게 모욕을 받았으면서도 화를 내지 않고 왕으로서의 책임감을 다시 한 번 상기했던 힘은 무엇일까. 그것은 정서조절 능력과 관련이 깊다고 볼 수 있다.

그것이 비록 하기 싫은 일일지라도 그 일에 대한 의무를 다하도록 만드는 힘은 자신의 하기 싫은 감정과 기분을 추슬러가며 통제하는 정서조절의 힘이라고 할 수 있을 것이다.

더욱 중요한 것은 성인의 책임감과 정서조절 능력을 보고 자녀가 모방한다는 것이다. 아동이 가장 쉽고 명확하게 학습할 수 있는 방법은 바로 성인의 모습을 그대로 따라하는 것, 즉 모델링(modeling)이라고 할 수 있다. 아이가 부모의 거울이라는 말이 왜 있겠는가? 자녀를 가만히 들여다보면 웃는 모습부터 말하는 태도나 심지어는 밥 먹는 습관까지 부모와 닮아 있는 경우가 많다. 부모가 평소에 큰 소리로 웃으면 자녀도 비슷한 모습으로 웃고, 부모가 자주 하는 말의 습관은 어느새 자녀가 반복하고 있다. 평소에 "아이구 힘들어, 아이구 피곤해."라는 말을 자주 하는 이웃의 유치원생 자녀가 똑같은 말을 하는 것을 목격하고 실소를 터뜨린 적이 있다.

이처럼 자녀는 부모의 일거수일투족을 지켜보고 있다가 그대로 따라한다. 책임감 있는 행동도 마찬가지다. 부모가 아주 사소한 일이지만 자신의 의무와 책임감을 다하지 않는 것을 자녀가 지켜보며 '아빠, 엄마가 저렇게 하시니 나도 똑같이 하면 되겠구나!'라고 자연스럽게 생각하게 되는 것이다. 부모가 자신의 감정과 기분의 완급을 조절하지 못하고 마음대로 행동하는 것을 지켜보는 자녀가 그 행동을 똑같이 하는 것은 너무도 당연하지 않은가.

정의로운 목사
마틴 루터 킹의 정서 능력

금세기 가장 정의로운 인물은 과연 누구일까? 우리가 알고 있는 위인 중에는 인류를 위해서 자신을 희생하고 인류의 복지와 안녕을 위해서 노력한 분들이 너무 많다. 그중에서 정의감의 대표적인 인물을 꼽으라고 한다면 필자는 마틴 루터 킹 목사를 들고 싶다. 흑인이었던 킹 목사는 미국에서 흑인들의 인권을 위해 혼신의 노력을 기울였으며, 그를 시기하는 무리에 의해서 암살당하기 직전까지 불합리한 인종차별제도의 폐지를 위해 몸바쳐 투쟁했다.

당시 미국에서 흑인은 백인과 동등한 대우를 받지 못했다. 흑인은 교육도 제대로 받지 못하고, 번듯한 직장도 갖지 못했으며, 심지어는 투표권도 제대로 행사하지 못했다. 미국의 당당한 시민인데도 말이다. 단지 피부색이 검다는 이유만으로 천대받고 인간으로서의 기회를 박탈

당했다. 어릴 때부터 이런 부당함을 보고 자란 킹 목사는 흑인들의 인간으로서의 권리를 되찾으려고 온갖 고생을 했다. 그런 킹 목사를 못마땅하게 여긴 인종차별주의자들은 킹 목사를 죽이겠다고 협박을 했다.

이런 상황에서 필자와 같은 평범한 사람은 이렇게 생각할 수도 있다. '아무리 인간의 권리도 중요하지만 생명을 위협당하고 있는데 이를 어쩌면 좋지?'

그렇게 갈등을 느끼며 주저할지도 모른다. 그런데 킹 목사는 한 인터뷰에서 이렇게 말했다.

"나는 흑인을 비롯한 모든 인간들의 권리를 위해서 싸우며 그 모든 사람들을 사랑한다."

그러자 킹 목사를 인터뷰하는 기자가 되물었다.

"그렇다면 당신은 당신을 죽이려고 하는 과격분자들까지도 사랑할 수 있습니까?"

"그렇다. 그들도 똑같은 인간이기 때문에 나를 죽이려고 하는 사람들도 사랑한다."

정의감이란 바로 이런 마음이다. 자신을 미워하고 시기하는 사람일지라도 동등하고 공평하게 대하려는 마음, 그리고 보다 나은 세상을 위해서 작은 노력이라도 아끼지 않으려는 마음이다.

미국의 유명한 학자인 콜버그(Kohlberg)는 도덕성의 핵심이 바로 '정의(justice)'라고 했으며, 이 정의를 판단할 수 있는 능력에 따라 인간 도덕성의 수준을 6단계로 구분했다. 정의감은 바로 인간의 도덕성이라고 볼 수 있다.

인간의 도덕성을 좌우하는 것이 정의감이라면, 정의감을 보다 높은 수준으로 끌어올릴 수 있는 것, 그것은 바로 정서 능력이다. 킹 목사와 같이 흑인들의 아픔에 같이 가슴아파하고 인간의 권리를 찾아주려는 감정이입 능력, 그리고 두려움을 이기고 자신의 신념을 지킬 수 있도록 하는 정서조절 능력이 바로 정의감을 지키고 유지하게 만드는 토대가 되는 것이다.

이렇게 본다면 자녀의 정의감을 향상시켜 줄 수 있는 방법은 보다 명확해질 수 있다. 자녀의 정의감을 키워주려면 정서 능력부터 촉진시키는 것이 우선일 것이다. 자녀에게 약하고 불쌍한 사람들, 혜택을 받지 못한 사람들의 처지를 알려주고 그들의 감정과 정서에 대하여 함께 생각해보는 것은 현명한 방법의 하나이다.

가엾은 사람은 주변에서 얼마든지 찾을 수 있다. 가까이는 급식비를 내지 못해 학교에서 급식 시간만 되면 혼자 운동장을 서성이는 친구가 있을 수 있다. 그러한 친구들의 사정과 처지를 이해하도록 이야기를 나누거나 직접 급식을 나눠먹는 실천도 권유해볼 수 있다. 멀리는 지금도 여진의 공포와 생필품 부족에 시달리는 쓰촨성 지진 피해 당사자들을 생각해볼 수도 있다. 학교 교실이 무너지고, 어제까지만 해도 함께 웃고 뛰놀던 친구가 지진으로 시신도 찾을 수 없게 되어버린 슬픔을 겪고 있는 같은 또래의 그곳 아이들의 처지를 함께 생각해보고 조그만 성금이라도 아이에게 내도록 하는 것이다. 부모가 말로만이 아닌 몸소 아이에게 보여주는 행동을 통해 아이의 정서 지능은 한층 현실적으로 성장하게 된다.

정서 지능의 산물, 뉴턴의 창의성

"두 개의 물체 사이에서 작용하는 힘은 물체 하나가 갖고 있는 질량을 서로 곱한 것에 비례하고, 물체 사이의 거리의 제곱에 반비례한다."

이것은 그 유명한 뉴턴의 만유인력의 법칙이다. 사과가 나무에서 떨어지는 것을 보고 만유인력의 법칙을 생각해냈다는 일화는 너무도 잘 알려진 이야기지만, 우리가 여기서 잊지 말아야 할 것이 있다. 사과가 나무에서 떨어진 것을 처음 본 것은 뉴턴이 아닐 것이다. 사과는 아주 먼 옛날부터 떨어져왔고, 사과가 아니고 다른 열매도 떨어졌다. 그런데 아무도 그것을 이상하게 생각하거나 '왜 그런가?'라는 의문을 가져보지 못한 것이다.

많은 부모들이 자녀의 창의성을 발달시켜주려고 온갖 노력을 한다. 창의성 교구, 창의성 학교, 창의성 놀이 등을 활용하여 아이의 창의성을 높여주려고 한다. 그러나 가장 중요한 것은 바로 호기심이다. 뉴턴이 아무도 관심 갖지 않았던 것에 호기심을 가지고 결국 위대한 법칙을 발견해낸 것처럼, 사소한 것에서 질문과 의문을 가지고 도전하는 마음이 중요하다.

호기심에 더하여 중요한 마음은 바로 끈기와 집중력이다. 뉴턴의 일화를 다시 예로 들어보겠다. 뉴턴은 사실 어릴 때는 낙제생이었다. 유복자로 태어난 데다가 어머니는 두 살 때 재혼을 하여 외할머니 밑에서 외톨이로 어렵게 자랐다. 부모의 따뜻한 관심을 받고 자라지 못했으니 학교에서도 항상 꼴찌를 도맡아 하는 낙제생이었다.

그런 뉴턴에게도 한 가지 재능이 있었는데, 손재주가 남들보다 뛰어나다는 것이었다. 라틴어를 외우거나 수학 문제를 푸는 것보다 물레방아를 만들거나 실험기구 만지는 것을 더 좋아했다.

그런데 어느 날, 멋지게 만든 물레방아를 뉴턴이 친구들에게 자랑하고 있을 때 한 친구의 "너는 손재주가 좋으니 목수가 되겠구나."라는 말에 그는 적잖이 충격을 받았다. 아무리 손재주가 좋아도 낙제생에게 돌아올 직업은 목수라는 사실에 뉴턴은 너무도 놀란 것이다. 그 때부터 뉴턴은 주먹을 불끈 쥐고 공부를 했다. 놀고 싶은 마음도 쉬고 싶은 마음도 다 접어놓고 자신의 감정과 기분을 오로지 공부에만 집중시켰다. 그래서 결국 수재들만 들어가는 케임브리지 대학에 입학했고, 그 후로도 지속적으로 공부에 집중하여 우리가 알고 있는 그 위대한 뉴턴이 만들어진 것이다.

뉴턴에게는 집중력에 대한 유명한 일화도 있다. 연구에 몰두하고 있던 뉴턴은 난로에 올려둔 냄비에 계란을 넣는다는 것을 탁상시계를 넣고 태연스럽게 연구에 열중한 것이었다. 얼마나 열중하여 생각하고 연구를 했으면 계란 대신 시계를 팔팔 끓는 물에 넣었겠는가.

이런 두 마음이 창의성을 뒷받침하고 창의성의 빛을 발하게 만들었다. 이 마음을 쉽게 말하면 바로 정서 능력이다. 끈기는 정서조절 능력이며, 집중력은 바로 정서의 사고 촉진 능력이다. 흥미롭고 재미있다는 감정이 판단하고 생각하며 집중하는 인지적인 능력을 더욱 촉진시킨다는 말이다.

창의성은 생각보다 우리 가까이에서 발달시킬 수 있는 능력이다. 길게 보았을 때 아이에게 두고두고 인생에 도움이 될 만한 일이라면, 부모는 아이에게 충분한 호기심을 유발시킬 수 있어야 한다. 수학에 흥미를 보이지 않는 아이에게 분수에 대한 호기심을 자극하기 위해 아이가 좋아하는 피자를 앞에 놓고 6조각 중 1조각을 자르면 6분의 1이고, 그 6분의 1을 모두 모으면 6분의 6이 되는데, 이는 피자 한 판과 같으니 1이라는 식으로 가르치며 수학에 대한 호기심을 유발시킬 수도 있다.

그렇게 유발된 호기심을 풀기 위해 끈기와 집중력을 가지고 아이가 노력하는 과정에서 창의성은 그 싹을 틔우기 시작한다. 창의성 있는 사람으로 성장하게 만드는 환경을 만드는 것은 간과할 수 없는 부모의 역할이자 몫이다.

대한민국 신천재들의 뿌리, 김연아와 박태환의 정서 능력

과거에는 천재라고 하면 계산 능력이 뛰어나거나 실험실에 틀어박혀 대단한 발견을 하는 사람의 이미지를 떠올렸다. 그러나 하루가 다르게 변하는 요즘 우리 사회에서는 천재의 의미도 달라지고 있다. 오늘날의 천재는 단지 책상머리에 오래 앉아 있는 '공부 잘하는' 사람이 아니라 자신이 좋아하는 분야에서 최고의 수준에 도달한 사람을 의미한다. 아마도 이 글을 읽는 독자들도 이에 공감할 것이다. 자신이 속한 분야의 사람들과 즐겁게 소통하면서 자신의 역량을 최대한 정열적으로, 그러면서도 유쾌하게 사는 사람들이 요즘의 이른바 '신천재'들이다. 신천재는 이제 천재의 의미가 '성적 중심의 능력에서 각자의 소질을 개발하는 것이 핵심이 되는 재능으로 전환되었음'을 말해주는 단적인 지표가 되고 있다.

요즘 들어 새롭게 주목받고 있는 천재들은 과거의 천재들과 차이가 있다. 신천재들은 자신이 좋아하는 것에 미치도록 몰두하고 외형적으로는 밝으면서도 스스로에 대한 자신감으로 똘똘 뭉쳐 있다. 그러면서도 자기 자신만을 생각하는 이기적인 행동을 하는 것이 아니라, 다른 사람들과 더불어 살아가는 것을 즐기며 따뜻한 마음으로 남들을 배려할 줄도 안다.

그렇다면 새로운 21세기를 이끌어가는 신천재들의 역량은 과연 어디에서 출발한 것일까? 물론 그들이 속한 각 분야에서 필요로 하는 능력이 가장 두드러지게 필요하겠지만, 그들의 능력을 발휘하게 만드는 밑바탕, 즉 뿌리는 정서 지능에 있다고 해도 과언이 아니다.

아무리 능력이 뛰어나도 자신의 정서를 관리할 줄 몰라서 천재에서 범인(凡人)으로 살아가는 사람들도 많다. 신천재들은 자신의 능력이 꽃피울 때까지 좌절을 극복하고 인내하며 자신의 실력을 인정받지 않더라도 쉬지 않고 노력할 수 있게끔 자신의 감정을 달래고 조절할 줄 아는 진정으로 똑똑한 젊은이들이다.

그러한 신천재들의 정서 능력에 대해서 좀 더 자세히 살펴보도록 하자.

큰 무대에서 더 큰 정서 지능을 발휘하는 피겨 요정 김연아

우리나라에서 '피겨스케이팅' 하면 누구에게나 '김연아'라는 세 글자가 떠오를 것이다. 스케이트 무대에서 벗어나면 가녀리고 작은 평범한 소녀가 스케이트만 타면 요정으로 변해서 우리의 시선을 사로잡는다. 그 때는 완전히 다른 사람이 되는 것처럼 보이기도 한다.

김연아 선수가 어떻게 피겨 요정이 되었을까 하는 질문을 하면 으레 "스케이트에 소질이 있으니까", "어릴 때부터 스케이트만 타고 좋은 교육과 훈련을 받았으니까" 등의 대답을 할 수 있을 것이다. 정말 그럴까. 물론 그녀가 스케이트를 잘 탈 수 있는 능력이 있는 것은 분명하다. 그렇지만 필자는 그녀의 능력을 빛나게 해줄 수 있는 요인은 다른 데 있지 않나 생각한다.

앞서 인간의 다양한 능력을 지능으로서 개념화한 다중지능 이론에 대해 소개한 바 있다. 필자는 다중지능 이론을 적용하여 '다중지능 검사'를 개발했다. 김연아 선수도 이 검사를 받은 적이 있는데, 그녀의 피겨 스케이팅 능력과 가장 관련이 깊은 신체운동 지능에서 당연히 높은 점수를 보였다. 그 점수는 상위 10퍼센트에 속하는 점수였지만, 세계 최고 선수의 신체운동 지능 지수로 보기에는 그리 높은 점수라고는 볼 수 없었다.

이쯤 되면 정말 너무도 궁금해질 것이다. 세계적인 스케이팅 선수가 신체운동 지능이 최고 점수가 아니라면 무엇이 그녀를 현재의 모습이 될 수 있도록 한 것일까.

김연아 선수에 관한 여러 가지 일화를 들어보면 결국 그녀를 현재의 자리에 이르게 한 것은 정서 능력이라는 생각이 든다.

김연아 선수가 스케이트를 타는 모습을 보면 어떻게 인간의 몸이 저렇게까지 유연할 수 있을까 하는 생각이 든다. 김연아 선수의 유연성은 세계적인 전문가들도 놀라는 정도이다. 그런데 그녀의 유연성은 타고난 것이 아니라는 사실이 더 놀라운 일이다. 김연아 선수의 어머니의 말을 빌면, 김연아 선수는 원래 유연한 몸이 아니었다고 한다. 하루도 빠짐없이 유연한 몸을 유지하기 위해 고통스러운 훈련을 쉬지 않고 반복하여 나타난 그야말로 "피땀 흘린" 결과인 것이다.

그녀의 피땀은 유연성 훈련뿐만 아니라 화려한 몸동작과 표정 연기에도 배어 있다. 스케이트를 타고는 마치 연기자가 연기를 하듯이 슬픈 음악에는 절망의 표정을, 경쾌한 음악에는 활짝 웃음꽃을 피우는 표정을 보인다.

김연아 선수가 처음 스케이트를 시작할 때에는 말소리도 잘 들리지 않을 정도로 조용하고 내성적인 성격이었다는데, 어떻게 저런 연기가 나오는지 신기하기만 할 뿐이다. 그런데 이 표정도 그냥 저절로 나오는 것이 아니라, 혼자서 수도 없이 거울 앞에서 이런 표정 저런 표정을 지어보며 만들어낸 연습의 결과라고 한다.

이런 끝없는 노력의 바탕은 바로 정서 지능 중 정서활용과 정서조절 능력이 튼튼하게 자리 잡고 있다고 볼 수 있다. 특히 자기 자신을 격려하고 끊임없이 연습하도록, 힘이 생기도록 동기를 부여하는 능력이 뛰어나다고 분석할 수 있다.

동기를 부여하기 위해서는 현재의 고통스러운 연습 뒤에 따르게 될 기쁜 결실을 떠올리면서 자신을 다독이고 힘을 내야 한다. 즉 즐거움이라는 미래의 정서를 활용하여 현재의 고통스러운 감정을 희석시키고 기꺼이 현재의 훈련을 받아들이도록 해야 한다.

이런 정서활용 능력이 없었다면 어떻게 그 고된 훈련과 여정을 마칠 수 있었겠는가.

그리고 아무리 세계적인 요정이라고 해도 들여다보면 김연아 선수도 친구들과 수다를 떨거나 좋아하는 연예인 이야기하는 것을 즐기는 나이의 청소년이다. 그런데 이런 많은 유혹들과 또래와의 어울림을 모두 포기하면서 연습장을 가야 했을 것이다. 평범한 소녀였다면 짜증을 부리고 도망이라도 치고 싶었을 것이다.

연습과 훈련에 방해가 되는 모든 부정적인 감정을 관리하고 통제하도록 이끌어주는 정서조절 능력의 힘으로 김연아 선수는 모든 것을 이겨냈다고 본다.

김연아 선수가 정서 지능이 높다는 것을 알 수 있는 것은 바로 세계무대에 섰을 때이다. 김연아 선수에게는 막상막하의 실력을 자랑하는 세계적인 라이벌들이 많다. 특히 일본의 아사다 마오 선수는 뛰어난 기량을 가진 천재 선수라고 알려져 있다. 어쩌면 실력 면에서는 아사다 선수가 김연아 선수보다 앞설 수도 있다. 하지만 김연아 선수는 세계대회에서 여러 번 아사다를 제치고 우승을 차지했다.

그 비결은 어디에 있을까. 바로 정서 지능의 힘이다.

김연아 선수는 큰 대회일수록 긴장하지 않고 오히려 더 강한 모습을 보인다고 한다.

피겨 스케이팅을 보고 있노라면, 완벽하게 연기하여 관중들의 환호를 받는 선수도 있지만, 많은 선수들이 경기 도중 실수를 하는 모습을 보게 된다. 더욱 안타까운 것은 그 실수가 심리에 영향을 주어 제대로 경기를 마무리하지 못하게 되는 모습이다. 누구나 실수를 한다. 또한 그 실수가 마음에 부담을 주어 위축되고 결국은 무너지게 되기도 한다.

김연아 선수는 그런 면에서 실수에 연연해하지 않는 낙관성이 뛰어나다. 실수를 하더라도 긴장하거나 '또 실수하면 어떻게 하지?'라는 두려움을 극복하는 낙관적인 태도와 사고가 뛰어난 것이다.

이러한 낙관성이 뛰어난 사례로 과거 1988년 서울 올림픽 때 미국 수영선수인 매트 비욘디(Matt Biondi) 선수를 들 수 있다. 그는 촉망받는 수영선수로 일곱 개의 금메달을 딸 것이라고 예상했지만, 초반 두 경기에서 예선 탈락을 하는 실수를 범하고 말았다. 그렇지만 그는 자신의 실수에 위축되지 않고 다음 경기에 임해 나머지 다섯 경기에서 모두 금메달을 받았다.

경기에 임하기 전에 측정했던 그의 낙관성 점수는 당시 출전했던 수영선수들이 따라올 수 없을 정도로 최고의 점수였다. 바로 이런 낙관성이 그를 최고의 자리에 올려놓은 것이라고 봐도 좋을 것이다.

이러한 낙관성의 힘이 바로 김연아 선수에게도 그대로 나타나 빛을 발하고 있다. 일시적인 난관이나 좌절에 처해도 '그래, 난 지금 실수를 범했지만, 남은 경기에서 내 실력을 더 잘 보여주면 되겠지!'라고 생각하면서 위기에서 벗어나 아무도 예상치 못한 결과를 이끌어내는 것이다.

천재는 타고나는 면도 필요하겠지만, 무엇보다 천재의 힘을 유지시켜주고 빛을 발하게 해주는 것은 자신의 감정과 정서를 관리하고 활용할 줄 아는 정서 능력일 것이다.

평범한 재능, 그러나 천재적인 정서 지능의 소유자 박태환

요즘 우리나라에서 '수영' 하면 떠오르는 인물은 단연 박태환이다. 이 젊은이가 수영 경기장에서 쭉쭉 나아가는 모습을 보고 있노라면 속이 후련해지는 느낌까지 들 정도이다.

박태환 선수를 보고 대다수의 사람들은 우리 수영계를 이끌 대들보라고 하거나 수영의 천재라고 말한다. 그러나 수영 전문가들은 박태환 선수를 평할 때 천부적인 자질이나 타고난 재능에 대해 이야기하기보다는 성실성이나 끈기, 정신력이 지금의 박태환 선수를 만들었다고 말한다.

그런 전문가들의 의견이 상당히 맞는 면이 있다. 필자는 '다중지능 검사'를 가지고 박태환 선수의 다중지능을 평가해 본 적이 있었다.

우리나라의 대표하는 수영선수인 박태환 선수의 다중지능을 측정해본다고 하면 많은 사람들은 큰 기대를 갖게 마련일 것이다. '아무래도 스포츠와 관련 있는 신체운동 지능이나 공간 지능에서 최고 수준이 아니겠어.'나 '뭐 보나마나 최고 점수가 나오겠지.'라고 생각하기가 쉬울 것이다.

그러나 그의 다중지능 검사 결과는 천재 수영선수라고 하기에는 너무도 평범해서 어쩌면 실망스럽기까지 했다.

박태환 선수는 다중지능 중 언어 지능, 신체운동 지능, 인간친화 지능, 공간 지능, 자기성찰 지능 등에서는 그저 평범한 수준에서 약간 높은 정도였고, 오히려 자연친화 지능은 보통 수준이었으며, 음악 지능과 논리수학 지능은 평균보다 약간 낮은 정도였다.

그런데 특이한 점이 있었는데, 신체운동 지능의 세부 결과를 살펴보면 박태환 선수는 신체운동과 관련한 성취 정도가 거의 만 점에 가까웠고, 그에 대한 흥미는 높은 수준이었으며, 그에 비해 능력은 평균 수준이었던 것이다.

이 결과가 의미하는 것이 무엇일까? 박태환 선수는 수영선수로서 타고난 재능보다 그것에 즐거움을 느끼고 성취하고자 하는 노력의 정도가 훨씬 뛰어나다는 것을 뜻한다.

박태환 선수는 신체적인 조건도 뛰어난 편은 아니다. 외국 선수들의 2미터가 훨씬 넘는 키에 비해 그는 183센티미터의 신장이다. 물론 일반 성인보다 폐활량도 2배나 크고, 좌우 평균도 좋은 신체조건을 가지고 있지만, 수영신수로서 최고의 조건은 아니라는 것이 사실이다.

그렇지만 박태환 선수는 물리적이고 신체적인 조건보다 훨씬 중요한 능력에서 다른 어떤 선수도 따라오지 못할 능력을 갖추고 있다. 바로 정서 능력이다.

한 국가를 대표하는 수영선수가 되기 위해서 얼마나 많은 노력이 필요할까. 국가대표 선수들은 매일 3킬로미터가 넘는 거리를 연습해야 하고, 한 달에 한 번꼴로 50미터 풀장을 100번 왕복하는 지구력 훈련을 한다고 한다. 이 때 매번 50미터를 30초대를 유지해야 하는 일종의 마라톤을 해야 한다고 한다. 이런 지옥훈련을 단 한 번도 잔꾀를 부리지 않고 묵묵히 해낸 사람이 바로 박태환 선수라고 대표팀의 코치들은 칭찬이 자자하다고 한다.

게다가 박태환 선수는 매 연습을 실전 경기처럼 생각해 최선을 다 하다보니, 이 지옥훈련을 마칠 때마다 2킬로그램씩 체중이 빠지기까지

한다는 것이다.

사람이 기계가 아닌데 어찌 그렇게 해낼 수 있을까? 그 힘은 바로 정서활용 능력이라고 볼 수 있다. 포기하고 싶고, 꾀라도 부리고 싶고, 놀고 싶은 마음이 들 때 박태환 선수를 지치지 않고 연습에 임할 수 있도록 이끄는 힘은 바로 자신에게 할 수 있다는 믿음과 조금만 더 하면 된다고 스스로를 격려하고 동기를 불어넣어 주는 정서활용 능력인 것이다.

많은 학생들이 공부해야 하는 이유에 대해서 잘 알고 공부해야 한다는 의무감도 느끼지만, 졸리고 피곤하며 지칠 때는 자신도 모르게 느슨해지게 마련이다. 이것은 어쩌면 자연스러운 현상일 수도 있다.

그런데 이러한 상태에서 자신의 미래를 떠올리고 열심히 노력하여 얻게 될 아름다운 결실에 대해 희망을 갖는 것, 그래서 다시 힘을 내어 초심으로 포기하지 않고 노력하는 것이 바로 정서활용 능력인 것이다.

박태환 선수는 이러한 정서활용 능력에 있어서 또래보다 훨씬 성숙하고 뛰어나다고 볼 수 있다.

그리고 박태환 선수는 정서조절 능력도 뛰어나다고 할 수 있다. 주로 세계 대회에서 두각을 나타내는 박태환 선수는 경기 직전까지 커다란 헤드폰을 끼고 음악을 듣는 모습을 보게 된다.

박태환 선수의 입장이 되어서 경기장에 있다고 상상해보면 정말 온 몸이 떨릴 정도로 긴장될 것이다. 전 세계 사람들이 지켜보고 있는 경기장에서 세계 최고의 선수들, 게다가 자신보다 한 뼘씩은 큰 선수들 틈에서 십 대의 어린 나이에 경기를 앞두고 있는 사람의 심정은 과연 어떨까.

그러한 두려움과 불안, 긴장을 그는 음악을 들으며 마음을 가다듬고 감정과 기분을 스스로 관리하고 있는 것이다. 그리고 큰 시합을 앞두고 그는 끊임없이 스스로에게 "박태환, 이번 경기를 즐겨라."라고 되내인다고 한다. 시합이라고 생각하고 꼭 우승해야 한다고 생각한다면 얼마나 큰 스트레스가 되고 고통스럽겠는가.

그런 상황에서 그는 즐겁고 감사하게 받아들이고자 끝없는 자기 암시를 위해 정서조절을 하고 있는 것이다. 사실 기꺼이 받아들이고 몰입한다면 긴장은 자연스럽게 풀어지고 자신이 생각하는 것보다 훨씬 더 좋은 결과를 낼 수 있다는 것을 박태환 선수는 이미 경험으로 알고 있다. 이것이 바로 정서 능력이 아니겠는가.

그렇다면 이런 의문도 늘 것이다. 박태환 선수와 같은 신천재가 되기 위해서는 그 어떤 능력보다 정서 지능을 갖고 태어나면 되는 것이 아닌가 하는 생각 말이다. 그러면 그 어떤 분야에서건 두각을 보일 수 있지 않을까.

정서 지능은 능력이다. 물론 어느 정도는 선천적인 면이 있다. 즉 태어날 때부터 다양한 정서 능력 중 일부의 능력이 또래보다 빨리 발달할 수 있는 유전적인 측면을 갖고 있을 수 있다. 그러나 능력이기 때문에 자신의 노력 여하에 따라 얼마든지 뛰어난 수준으로 향상될 수도 있고, 노력하지 않으면 그 자리에 그대로 머물 수도 있는 것이다.

정서 지능은 연습이다. 자신이 처한 상황을 즐겁게 받아들이고 감정을 관리하고 조절하는 연습을 통해 박태환 선수와 같은 신천재를 만들 수 있는 것임을 명심해야 한다.

대통령이 지녀야 할 정서 지능

대통령 선거를 실시할 때마다 국민들이 원하는 대통령상에 대해 여론 조사를 실시하곤 한다. 대부분 '경제를 발전시킬 인물', '부패척결에 앞장 설 인물' 또는 '강력한 리더십을 가진 인물'로 여론이 모아진다. 모두가 능력에 초점을 두고 대통령감을 고르는 것 같다.

과연 대통령은 그러한 능력만 있으면 되는 것일까. 대통령이 갖추어야 하는 능력이란 도대체 어떤 능력인가.

이런 대통령의 능력 조건을 두고, 최근의 많은 정서 지능 연구자들은 재미있는 해석들을 하고 있다. 예일대학의 피터 샐로비 교수가 그 중의 하나인데, 그는 예전에 한국에 와서 대통령 자질론에 대해 한바탕 이야기하고 간 정서 지능론 학자이다.

그는 여러 인물의 정서 능력의 예를 들어가며 우리에게 대통령이 갖추어야 할 능력에 대해서 설명했다. 그가 예로 들은 인물 중 1988년 미국의 대통령 후보 유세에서 맹위를 떨친 게리 하트 민주당 상원의원이 있는데, 그는 정서 지능이 낮아서 실패한 대표적 인물이다. 당시 하트는 미국 정계에서 가장 똑똑한 사람의 하나로 꼽히고 있었다. 일반 대중들도 그가 매우 영리하고, 사회 문제에 대한 사회과학적 판단력이 대단히 높은 사람이라고 인식하고 있었다. 그러나 그는 유세 중에 돌출한 '젊은 여성과의 혼외정사 보도'에 치명적인 타격을 입고 중도하차하고 만다. 대다수의 미국 정치인들은 이만한 정도의 여성 스캔들은 수시로 겪고 있으며 대체로 정치 생명까지는 잃지 않고 무난하게 넘겨버리곤 하는데, 이 똑똑한 상원의원은 왜 그렇게 하지 못했는가. 그의 낮은 정서 지능 때문이었다고 샐로비 교수는 단언한다.

하트는 너무 똑똑했고 합리적이고 과학적이었기 때문에 그런 종류의 스캔들 자체가 대통령 후보 유세에 별 영향을 주지 않을 것으로 자신했다. 그러나 그런 자신의 태도가 미국 국민들에게 어떤 감정을 일으키고 어떤 인상을 심어주게 될지에 대해서는 전혀 무감각했던 것이다.

샐로비 교수는 클린턴 대통령이 계속 겹쳐지는 여성 스캔들에도 불구하고 대중, 특히 여성 유권자들로부터 인기를 잃지 않았던 것은 하트와는 대조적으로 국민 대중의 감성과 느낌, 정서를 헤아릴 줄 아는 정서 능력이 뛰어난 인물이기 때문이라고 지적한다. 클린턴의 경우 르윈스키라는 젊은 여성과의 스캔들이 터졌을 때 라디오 프로그램에 직접 출연하여 깊이 반성하고 눈물을 흘리기도 하면서 자신의 잘못에 대해 국민들에게 사과하고 용서를 구했다. 그저 지나칠 수도 있었던 스캔들에 대해서 한 국가의 원수가 국민들을 대상으로 이렇게 절절하게 뉘

우치는데 어떻게 용서하지 않을 수 있겠는가. 하트와 클린턴의 차이는 바로 여기에 있었다.

미국 대통령에 대한 또 다른 정서 지능 연구도 있다. 지난 1995년 미국 잡지인 타임지는 역대의 미국 대통령들의 정서 지능 지수를 제시했다. 프린스턴대학의 그린스타인 교수는 닉슨 전 미국 대통령의 정서 지능이 최악이라고 말한다. 사실 닉슨 대통령은 미국의 유명한 정치 스캔들인 워터게이트 사건으로 인해 스스로 대통령직을 사임했다. 그는 정치적으로 뛰어나며 똑똑한 사람이었으나 타인의 감정에 대해서 배려하는 능력이나 충동을 잘 조절하지 못하는 사람이었다. 특히 자신이 내키는 대로 감정적인 폭언을 하기도 했다.

반면 토마스 제퍼슨 전 미국 대통령은 정서 지능이 가장 높은 사람이라고 평가한다. 제퍼슨은 대통령으로서의 지적인 능력과 따뜻한 인성이 조화를 이룬 사람으로 정치적으로는 합리적일뿐만 아니라 국민에게는 따뜻하게 배려할 줄 알며 서민성을 잃지 않는 사람이었다.

비전을 제시하고 합리적인 이성적 판단으로 나라를 이끌어갈 대통령을 우린 바란다. 그러나 그런 대통령이 되려면 우선 국민들의 정서와 감정을 읽고 헤아려서 신뢰를 형성할 줄 아는 정서 능력이 높아야 한다. 즉 정서 지능이 높아야 한다는 것이 대통령 자질 중의 가장 큰 전제조건의 하나인 것이다.

서울대생들의 정서 지능 분석

'서울대학교' 하면 우리나라 최고의 수재들이 모인 곳이라고 할 수 있다. 성적이 우수한, 이른바 지적 능력이 뛰어난 학생들이 입학하는 학교가 바로 서울대학교이다. 그래서일까. 서울대학교에서 공부하는 학생들은 과연 IQ가 얼마나 높은지 궁금해하는 사람들이 많다. 게다가 머리만 똑똑한 우등생보다 정서 지능이 뛰어난 사람이 사회에서 더 성공한다는 정서 능력의 측면에서는 더욱 궁금해한다. 정말 학교 우등생과 사회 우등생은 다른 것일까.

유심히 살펴보면 서울대학교에 들어오는 수재들도 두 부류로 나뉜다. 한 부류는 낙관성, 인내심, 지구력 등 정서 지능이 높은 학생들이다. 그들은 열심히 노력하여 자신의 적성에 맞는 학과에 입학한 결과 만족스럽게 학업 생활을 영위한다. 나머지 한 부류는 정서 지능 면에서는 떨어지나 뛰어난 지식 습득 능력과 계산력, 추리력, 사고력 등과 같은 인지 능력으로 적성에 상관없이 입학한 학생들이다. 후자의 경우 정서 지능상 문제가 드러나는 경우가 발생하기가 쉽다.

서울대학교 내에는 대학생활문화연구소라는 곳이 있다. 서울대학교 학생들에게 다양한 심리검사로 진단을 하고 학생들의 문젯거리를 상담해주는 센터인데, 이곳을 찾는 학생들의 상담 문제도 의외로 정서 지능의 문제에 해당되는 것들이 많다. 이를테면 자신이 속한 학과나 동아리 안에서의 적응 문제와 학업 진로 문제, 교우 관계, 이성 관계 그리고 우울이나 정서 불안 또는 성격상의 문제 등이다.

유형별로 보면, '친구가 없다, 외롭다, 대학에 사람들은 많은데 정말 마음을 터놓고 친하게 지낼 만한 사람이 없다.'라는 문제가 대부분을 차지한다. 대인에 대한 불안도 상당하다. 그래서 지나치게 긴장을 함으로써 친구들 앞에서 발표나 자기표현을 제대로 하지 못하는 학생도 의외로 많다.

다른 사람의 눈치만 살피면서 수동적으로 따라가는 유형도 있다. 상대방의 요구를 거절하면 자신을 싫어하지는 않을까 하는 걱정 때문에 딱 잘라 거절을 못하는 것이다. 뜻밖에 열등감과 경쟁의식도 매우 큰 비중을 차지한다. 그밖에도 다른 사람을 잘 믿지 못하기 때문에 믿을 만한 친구가 한 명도 없는 경우, 자기가 뛰어나야만 다른 사람이 자신을 좋아할 거라는 생각에 빠져 있는 경우, 그리고 본인도 모르는 사이에 남에게 피해를 입히게 되는 경우 등 다양하다. 이것은 자기중심적인 유형이다.

이러한 현상은 신입생들에게 유난히 두드러진다. 그리고 학년이 올라갈수록 조금씩 개선되는 경향을 보인다. 하지만 근본적으로는 고쳐지지 않고 있다.

공부를 잘 해서 소망하던 학교에 입학한 만큼 남보다 행복하고 만족스러운 학교생활을 영위해야 할 학생들에게 왜 이런 고민들이 생기는 것일까. 실제로 이들 학생들은 지적인 면에서 매우 우수한 학생들이고, 다른 방면으로도 상당히 뛰어난 자질을 보이고 있는데 말이다.

나는 이러한 문제 표출에 산업 사회의 폐해인 경쟁의식과 1등만을 중요시하는 사회 풍토도 한몫을 했다고 생각한다. 중고등학교 때 자기의 관심 분야에 대한 과외 활동이나 취미 활동, 봉사 활동 따위가 전혀 이루어지지 않은 데서 오는 영향도 무시할 수 없다. 개인적으로 유아기와 아동기에 형성된 성격적인 여러 가지 특성들도 있을 것이다. 예를 들면 자아상이 분명하지 않다든가, 내향성이 지나치다든가, 다른 사람에게 너무 예민하게 반응한다든가, 의존성이 강하다든가 하는 부모 양육 태도에 의해 형성된 성격상의 특성들 말이다.

그밖에도 대인관계 측면에서 어떻게 다른 사람과 관계를 시작하고 적절한 의사소통을 통해서 좋은 관계를 맺어가야 할지 모르는 학생들이 의외로 많다. 이러한 상황에서는 무슨 말을 해야 할지, 말을 이런 식으로 하면 상대방이 어떻게 받아들일지에 대해 두려움을 갖는 이른바 대화기술상의 문제도 있다. 이러한 문제는 초중고 시절 또래와의 소중한 놀이 시간조차 공부 시간으로 빼앗긴 영향 때문이다.

대부분 부모들은 자기 아이가 같은 또래들과 사귀는 걸 매우 두려워한다. 심지어 크리스천 부모들조차 아이가 교회에 나가는 것까지 조심스러워한다. 아이의 관심이 공부 아닌 딴 데로 쏠리지 않을까 하는 염려 때문이다. 부모들이 자녀에게 바라는 것이라고는 학교에 갔다오는 즉시 책상에 앉아 공부만 하는 착한 아이이다. 집과 학교밖에 모르는 아이를 선호하는 것이다. 부모들이 이런 생각을 갖고 있으니, 아이에게 정서가 비집고 들어갈 틈이 없다. 당연히 정서 지능은 향상될 리가 없다.

더욱이 일부의 교육열이 지나친 지역에서는 학생들이 다니는 학원에 학습매니저와 학습컨설턴트가 있어 취약한 과목을 보충하기 위해서는 어떤 학원 선생님의 강의를 들어야 하고, 하루에 공부를 어디에서 몇 시간을 어떻게 해야 할지 등의 일정을 관리해준다고 한다. 정말 기가 막힐 노릇이다. 아침에 일어나서 저녁에 잠자리에 들 때까지의 모든 것을 누군가 정해주는 대로 살아온 아이가 과연 대학교에 들어가 자율적으로 하는 공부에 제대로 적응할 수 있을까. 이렇게 로봇처럼 살아온 아이들이 사회에서 다른 사람들과 원만하게 지낼 수 있을지에 대해서도 걱정이 된다.

상담실을 찾는 학생들이 겪고 있는 문제가 바로 이와 같이 정서 지능을 키우지 못했기 때문에 발생한 문제들이다. 현재 우리나라는 공부만 잘하면 모든 것에 면죄부를 주는 교육 체제이다. 아이가 공부를 잘하면 아버지와 어머니는 그 사실이 마냥 고맙고 대견해 아무 일도 시키지 않는다. 고등학교를 졸업할 때까지 설거지나 집안 청소 한 번 안 시킨다. 부모의 입장에선 공부를 잘 하는 것만이 그저 고마울 따름이다.

그러나 우리가 기억해야 할 것이 있다. 정서 능력은 이성적 능력인 IQ와 달리 개개인 나름의 체험을 통해 습득된다는 사실이다. 이는 실제 삶 속에서 부딪혀 오는 느낌과 경험과 훈련을 통해 형성되고 발달한다. 당연히 그러한 체험 없이 지식 위주의 암기 공부만을 한 아이들은 그러한 느낌과 정서가 습득되지 않는다. 시간적, 경험적 기회가 없었기 때문이다.

정서 지능이 개인의 발전에 어떻게 작용하는지를 잘 드러내는 사례가 있다. 1997년에 서울대에 입학한 장승수라는 학생이 그 예이다. 그는 여러 면에서 널리 화제가 되었는데, 서울대에 입학하기까지의 과정을 보면 그는 정서 지능이 매우 높은 학생이 아닌가 싶다.

그에게는 무엇보다 그 어머니가 좋은 학습 모델이 되었다. 본인의 말을 인용하면 다음과 같다.

"사람들은 내가 아직 젊은 나이에 열손가락이 꽉 차는 다양한 직업을 전전했다는 사실에 놀라워하지만, 어머니에 비하면 새발의 피다. 또한 어머니는 그 하나하나를 말 그대로 몸이 부서지도록 있는 힘을 다해 일했다.

그렇다고 내 부모님이 무능하거나 게을렀던 것도 아니다. 내가 아는 한 부모님, 특히 어머니는 이 세상 그 누구보다도 억척스럽게 일을 하셨고, 또 비록 많이 배우지는 못했지만 남다른 총기와 손재주를 가진 분이다."

그러한 모델을 보면서 그는 '되든 안 되든 일단 부딪쳐보고, 한 번 매달리면 끝까지 물고 늘어진다'고 하는 지구력과 인내심을 학습할 수 있었던 듯하다. 서울대학교 인문대 수석 합격의 과정 속에서 올바른 자아상, 자기동기화 능력, 만족지연 능력도 엿볼 수 있다. 이런 측면에서 그의 정서 지능을 분석해보자.

(1) 자기 동기화에 영향을 미친 올바른 자아상

“물수건을 배달할 때, 특히 오락실 홀맨 노릇을 하던 시절에 그런 생각을 많이 했다. 이런 일들도 반드시 필요하고 누군가 해야 할 일이긴 하겠지만, 왠지 창조적인 일은 아닌 것 같다고. 단순히 여기에 있는 물건을 저기로 옮겨 놓고, 혹은 사람들의 시중을 들어주면서 돈을 버는 것보다는 내 조그만 힘을 보태 뭔가 생산적이고 창조적인 일을 하고 싶다는 것이 내 생각이었다.”

(2) 남의 처지를 내 처지처럼 보살피는 감정이입 능력의 발달

“나라고 그들보다 더 나을 것 없는 처지였지만, 그 아이들을 보내는 것보다는 왠지 내가 가는 게 속편할 것 같아서 그 구내식당엔 내가 배달을 갔다.”(다른 사람이 꺼려하는 7층 꼭대기로 힘든 가스배달을 나가면서의 태도)

(3) 만족지연 능력에 의한 심화된 정서인식

“이런 과정을 거치면서 나는 ‘자유’라는 것을 생각했다. 들 수 없던 돌을 들어올리고 풀 수 없던 문제를 풀어냄으로써 얻게 되는 자유. 한계라는 벽에 부딪혀 답답하게 꽉 막혀 있다가 그것을 뚫어냄으로써 확 트인 새로운 세계로 나아가는 자유.

일단 극복하고 나면 그것은 더 이상 감옥도 한계도 아니다. 사람은 정신적, 육체적 능력에서 큰 차이가 없다는 게 나의 생각이다. 그러므로 누구나 자신의 힘을 단련하여 능력을 확장시키고 한계를 돌파함으로써 ‘자유’를 얻어낼 수 있다.”

(4) 인식의 심화 과정을 거친 자기 동기화

"고등학교 성적도 별로 좋지 않았다. 머리도 그다지 뛰어나지 않았다. 아마 나같은 고등학교 성적으로 서울대에 들어온 사람은 나밖에 없었을 것이다. 일반적인 상식으로 볼 때 나는 '서울대생감'이 아니었던 것이다. 내 뜻과 상관없이 내 한계를 규정짓는 이런 조건들이 싫었다. 이건 막노동 때도 마찬가지였다. 주어진 신체조건 때문에 일 못하는 놈이라는 소리를 들어야 한다는 게 싫었다.

나는 서울대를 '출세'나 '성공'의 지름길로 생각하고 매달리지 않았다. 나 자신에 대한 믿음을 회복하고 나에게 주어진 규정을 뛰어넘기 위한 극단적인 싸움의 한 방식이었을 뿐이다.

'사람의 정신과 육체는 쓰면 쓸수록 강해진다.'

이것은 지난 몇 년간 일을 하고 공부를 하면서 내가 몸으로 터득한 확신이다."

(5) 자기 동기화의 심화

"스무 살이 넘어서야 내가 가장 해보고 싶은 것을 찾았고 스물 네댓이 되도록 그것에 매달리고 있는데, 결국 여기에서마저 좌절하고 만다면 나 자신을 감당하기 어려울 것만 같았다. 그것은 단순한 입시가 아니었고 내 삶을 살아가는 데 필요한 최소한의 내 존재에 대한 믿음이었던 것이다."

정서 지능이란 이처럼 삶의 체험에 의해, 경험에 의해 끝없는 자기 변혁의 과정을 거치면서 더욱 성숙되어간다. 부모가 자녀의 성장에 힘이 되어줄 수 있는 것은 사춘기 전후까지가 대략적인 상한선이라 할 수 있다. 하지만 자녀는 그 이후에도 끝없이 성장 혹은 발달, 자기 변혁을 이루어간다.

정서 지능이 낮으면 새롭게 경험하는 상황에 맞부딪혀 긍정적인 자기 변혁이나 자기 혁신을 이루기가 어렵다. 앞에서 언급한 일부 서울대학교 학생들의 대인관계 부적응 등 정서 지능의 미발달이 부른 문제들은 그러한 과정 없이 부모가, 선생님이, 사회가 학교 공부만을 요구한 결과일 것이다. 신세대가 지금 다양한 적응문제에 고통을 겪고 있는 것도 기성세대가 아이들을 잘못 가꾼 값을 치르고 있는 것이다.

이제 부모들은 자녀가 자신의 적성에 상관없이 성적에만 집착하게 해서는 안 된다. 적성에 맞는 학업을 하게 해서 어렵게 성취해가는 그 과정 자체가 즐겁도록 해주어야 한다. 그리하여 올바른 성공을 이루어 나가도록 도와주어야 한다. 남과의 경쟁이 아닌, 스스로와의 경쟁에서 이긴 성공자만이 가정과 사회와 국가를 이롭게 한다.

아들의 인생을 바꾼 칼 비테의 부모의 정서 지능

천재는 단지 물려받은 지능 자체로 천재가 되는 게 아니다. 부모의 인내심과 끈질긴 관심, 그리고 도와주고자 하는 동기와 염원이 자녀를 천재로 만든다. 아마도 더 정확히 표현한다면 설사 천재의 소질을 갖고 태어나더라도 정서 지능이 높은 부모를 만나지 못하면 천재적 소질은 개발되지 못한다고 말해야 할 것이다.

이런 예를 아주 구체적인 천재 한 사람을 등장시켜 이야기해보자.

칼 비테(Karl Witte)는 19세기 독일의 신동으로 잘 알려져 있는 사람이다. 그는 1800년, 독일에서 목사의 아들로 태어났다. 칼은 서너 살에 독일어를 읽을 수 있었고 다섯 살에는 쓸 수도 있게 되었다. 일곱 살에는 이탈리아어, 프랑스어, 라틴어를 유창하게 읽었다. 아홉 살에 이미 라이프치히대학에 입학했고, 열여섯 살에 법학박사 학위를 받았으며,

곧이어 베를린대학의 교수로 취임했다.

천재 칼 비테의 이야기는 우리의 대다수 평범한 자녀들과 너무 동떨어진 이야기인 듯 들린다. 칼은 분명히 남다른 능력의 소유자였다. 그러나 그의 부모는 우리와 별반 다르지 않은 부모였다. 더 정확히 말하면 칼 비테의 부모의 지능은 우리와 크게 다름이 없었다. 다만 한 가지 우리 모두가 하려고 마음만 먹으면 할 수 있는 '관심 갖고 놀아 주기'라는 일종의 정서 지능 의식이 유별난 사람들이었다.

칼의 부모는 과연 자신의 아이를 위해 어떤 교육을 했던 것일까.

그들은 잠시도 칼의 곁을 떠나지 않았으며 같이 놀아주고 많은 이야기를 나누었다. 예를 들어 주위에 보이는 온갖 물건들의 이름을 하나하나 가르쳐주었다. 얼굴에 있는 눈, 코, 귀, 입 등에서 시작하여 방 안에 있는 물건들의 이름을 가르쳐주고 같이 산보를 하면서 나무나 풀의 이름을 설명해주었다. 그리고 그 물건들의 모양이며 크기, 색깔이 어떤가를 말해주었다. 음악회, 연극, 동물원 등 칼이 흥미를 느낄 만한 곳이면 어디든지 아이를 데리고 다니면서 다양한 경험을 갖도록 했다. 그러는 동안에 이들은 끊임없이 질문과 대답을 주고받았다.

칼의 부모가 한 일이란 이것이 전부(?)였다. 아이에 대한 이러한 정성은 정말로 대단한 것이 분명하다. 하지만 기억해야 할 것은 실상 누구든 마음만 먹으면 못할 일이 아니라는 사실이다.

칼의 부모는 칼이 어렸을 때부터 자신들이 아이에게 행한 일들을 상세히 기록해놓았다. 아주 자세하게 묘사한 이 기록은 1,000페이지가 넘는 분량이다. 이 책에 기록된 칼의 아버지의 말이 우리 가슴에 와 닿는다.

"우리들이 아이에게 한 일은 관심을 갖고 놀아주는 지극히 평범한 일이었다."

그러나 이 평범한 일은 부모 자신의 정서 지능이 높지 않으면 실천하기 어려운 일이다.

여기 또 다른 천재 소녀의 이야기가 있다. 이 소녀는 13살의 어린 나이로 옥스퍼드 대학의 입학 허가를 받아 세상을 떠들썩하게 만들었다. 이 천재 소녀는 칼 비테와 같이 걸음마를 시작하면서부터 뛰어난 능력을 드러내기 시작하더니, 최고 명문대학인 옥스퍼드에서 원하는 전공을 얼마든지 할 수 있을 정도의 특혜를 받으며 입학 허가를 받았다. 그런데 이 소녀가 10여 년이 흐른 요즘 다시 세상을 떠들썩하게 만들었다. 이제 스물이 넘은 이 소녀가 현재 매춘부의 삶을 살고 있으며 집으로 돌아가기를 강하게 거부하고 있다는 것이다.

무엇이 이들의 삶을 이렇게 다르게 만든 것일까? 이 소녀 역시 칼 비테 못지않은 천재성을 어릴 때부터 나타냈다. 다른 점이 있다면 바로 정서 지능에 있다. 보다 정확하게 말하면 부모의 정서 지능의 차이에 있다.

이 소녀의 천재성을 발견한 부모는 아기 때부터 이 천재성을 개발하기 위해서 재촉하고 또 재촉했다. 칼 비테의 부모가 대부분의 시간을 아이와 단지 놀아주는 데 이용했던 반면, 이 소녀의 부모는 소녀에게 전혀 놀 수 있는 시간을 주지 않고 오로지 성공을 위해 공부만을 서두르고 닦달했다.

아이의 감정이나 기분은 아랑곳하지 않고 강압적인 분위기 속에 학습만을 강요했던 이 부모는 결국 아이의 천재성을 시들게 하고, 심지어 아이가 자신의 삶을 지긋지긋하게 느끼고 거부하게 만들어버린 것이다.

칼 비테와 이 천재 소녀의 이야기가 시사하는 바는 두 가지로 요약할 수 있다.

첫째, 아이의 교육에는 학교 선생님이 감당할 몫 외에 부모가 해야 할 일이 분명히 있다는 사실이다. 먼저 공부 못하는 것을 무턱대고 아이 탓, 혹은 학교 탓으로만 돌리려는 생각을 바꾸어야 한다. 눈을 돌려 부모로서의 자신들의 모습을 바라보아야 한다. 간혹 아이들이 너무 바빠 이야기할 시간이 없다고 변명조로 불평하는 부모가 있다. 자녀와 학교 사이에 끼어들 틈을 찾지 못하는 부모는 실패할 가능성이 크다. 그러나 24시간 끼어들 틈을 노리는 부모는 꼭 성공하게 될 것이다. 칼의 부모처럼 말이다.

둘째, 칼의 이야기는 부모가 할 일이 무엇인지를 구체적으로 가르쳐주고 있다. 자녀들과 함께 하는 시간을 많이 갖고, 자녀들의 호기심, 관심, 취향에 부모의 눈높이를 맞추는 것이다. 바로 정서 지능의 기능이다. 부모가 관심을 보이는 장난감에 아이들도 관심을 보이게 마련이다. 부모 스스로가 책을 즐겨 읽을 때 자식들도 책 읽는 것이 좋은 습관임을 체험으로 알게 된다.

정서 지능에 따라 좌우되는 교육의 이 자명한 원리를 우리는 왜 잊고 있는가. 내 아이를 행복하고 성공하게 만들 수 있는 것은 바로 좀 더 먼 훗날까지를 내다보는 부모의 정서 능력인 것이다.

3장

마음을 다루는 지혜,
'정서 지능' 측정법

정서 지능도 IQ처럼 측정할 수 있는가 | 정서 지능 측정의 역사 | 정서 지능 측정 방법 | 내 아이의 정서 지능은?

정서 지능도 IQ처럼 측정할 수 있는가

우리 아이의 정서 지능은 얼마나 될까? 부모라면 한 번쯤 이런 생각을 하게 될 것이다. IQ는 불완전한 대로 측정이 가능하다. 그렇지만 정서 지능은 사정이 좀 다르다. 안타깝게도 정서 지능은 IQ처럼 고정화된 검사가 없기 때문에 완전한 측정이 불가능하다.

IQ검사가 처음 등장한 것은 약 백 년 전의 일이다. 프랑스의 심리학자이자 교육학자인 비네와 시몬(Simon)이 학교에서의 부적응 학생을 가려내기 위해서 만든 검사가 바로 IQ검사이다. 그 후 미국에서 이를 통해 일반 아동들의 지적 능력을 서열화하기 시작하면서 계속 사용되어온 것이다. IQ검사를 할 때 측정하는 요소는 대략 7가지다. 7가지를 측정한 후에 각기 점수를 내어 합친 것이 우리가 말하는 IQ점수이다. 기억력은 어떤지, 수학 문제를 푸는 능력은 어느 정도인지 등으로 말이다. 7가지 점수를 합산한 후 100점 평균을 기준으로 평균점수보다 얼마나 높은지 혹은 낮은지에 따라 IQ 120이니 90이니 하는 결과를 산출하게 된다.

이렇게 IQ검사 점수에 익숙한 사람들은 정서 지능에 대해서도 똑같은 수치로 측정해줄 것을 기대한다. 그렇지만 정서 지능을 IQ처럼 단일화된 수치로 산출할 수 있는 것은 아니다. 정서 지능의 일부 능력인 만족지연 능력, 낙관성, 공감 능력을 측정하는 검사가 있지만, 딱히 정서 지능이라 하여 하나로 점수화한 검사는 없다. 우리는 제한된 시간 동안 검사를 실시해서 정서 지능을 수치화하길 기대한다. 그러나 정서 지능을 수치화한다는 것 자체가 실제로 불가능하며 바람직하지도 않다. 사람의 수많은 감정적인 영역을 점수로 꼬집어낸다는 것 자체가 무리이기 때문이다.

사실 IQ측정에도 문제가 많다. 진정한 교육의 의미를 찾고자 하는 많은 나라에서는 IQ측정을 법으로 금지해놓은 상태이다. 그러나 우리나라는 여전히 IQ를 쉽게 입에 올린다. 한 사람의 능력을 평가할 때 IQ 120이니 130이니 표현한다. 이로 인해 아이들에게 돌아가는 피해가 얼마나 큰지 모른다.

한 아동의 IQ가 110일 경우를 가정해보자. 이 아동의 지적 능력은 중간 수준에 해당된다. 평균이다. 그러나 이 때 평균 정도의 IQ를 가진 아이들의 대부분이 공부해도 점수가 올라가지 않는 것을 IQ 탓으로만 돌리고 학습 의욕을 잃는 경향이 있다. 점수가 오르지 않는 것은 공부방법이 잘못되었을 수도 있고, 집중력이 없었을 수도 있고, 공부가 아닌 다른 예능 방면에 재능이 있기 때문일 수도 있다. IQ가 110이라는 이유 때문에 학습 의욕을 꺾어버리는 것은 매우 안타까운 일이다.

한 사람의 지적인 능력을 120이니 130이니 지수화하는 것은 인간 능력에 대한 단순하고 편협한 제한이다. 필자는 개인적으로 무분별한 지능 검사 실시를 반대하는 입장이다. IQ를 알아서 도움이 되는 게 과연 무엇이며, 그것을 알려고 하는 의도는 무엇인지 생각해보아야 한다. 본인에게 자만심만 심어주는 계기가 되거나, 자신에 대해 열등의식만 갖게 하는 결과를 빚고 있는 것은 아닌지 말이다.

물론 정서 지능을 측정할 수는 있다. 그런데 우리가 오해하지 말아야 할 사실이 있다. IQ의 경우 120이니 130이니 숫자로 점수가 측정된다. 그러면 사람들은 점수를 보고 '와, 그 사람 참 똑똑하네.'라든가 '좀 지능이 낮군 그래.' 하는 식으로 판단을 내리게 된다. 수치로 결과가 산출되기 때문이다. 그러나 IQ와는 달리 정서 지능에는 한마디로 표현할 수 있는 수치 개념이 없다. 많은 분들이 필자에게 전화를 해서 자신은 정서 지능이 높은 것 같다거나, 정서 지능이 어느 정도 돼야 높은 것이냐는 등의 질문을 던진다. 기억해야 할 것은 그건 질문부터 잘못된 것이라는 점이다.

정서 지능은 단일 수치화할 수 있는 것이 아니기 때문이다. 정서 지능은 여러 가지 능력으로 구성되어 있다. 다른 사람의 감정에 예민한 능력, 자기 자신을 조절하는 능력, 참고 견디는 인내심, 버텨내는 지구력 등 이런 모든 능력을 측정, 합산해 총점을 내는 수치는 아직 없다는 사실을 분명히 말씀드린다.

정서 지능의 중요한 요소로서 몇 가지를 꼽는다면 자기와 다른 사람의 감정을 인식하는 능력과 공감 능력, 자신과 다른 사람의 감정을 관리하고 통제하는 능력을 들 수 있다. 자기의 감정을 인식하는 능력은 자기 자신의 내부에서 일어나는 감정을 읽을 줄 아는 능력이다. 예를 들면 '아, 나는 지금 화가 나.', '내가 상당히 흥분하고 있군.' 하는 식으로 말이다. 이것을 자기감정인식 능력이라고 부른다. 물론 자기감정인식 능력을 측정할 수 있는 검사가 있다. 다른 사람의 감정을 이해하고 헤아릴 줄 아는 공감 능력을 측정하는 검사도 있다. 또한 자신의 감정과 정서를 적절하게 통제하고 상황에 맞게 전환할 줄 아는 정서조절 능력을 측정하는 검사도 있다.

위에서 언급한 능력들은 1990년대 이후 EQ가 등장하고 나서부터 측정할 수 있게 된 검사가 아니다. 사실 EQ라는 개념이 등장하기 훨씬 전부터 사람의 정서나 감정과 관련한 능력을 측정할 수 있는 검사는 꾸준히 개발되어 왔다.

우리 아이의 정서 지능이 얼마나 되는지 한 번 측정해보고 싶다면 위에서 언급한 부분 영역, 즉 하위 영역의 측면에서 관찰을 해볼 수가 있다. 그러나 우리가 기억해야 할 것이 있다. 한 가지 수치로 점수화 할 수 있는 정서 지능을 측정할 수 있다는 생각은 버려야 한다는 사실이다. 아이가 다른 사람에 대해서 얼마나 정서적으로 인내하는 관용성을 가지고 있으며, 남들이 우리 아이한테 실수를 하고 잘못을 했을 경우 그것을 참아내는 포용력은 얼마나 되는지를 측정해야 한다.

가정에서 어머니가 살펴본 바 큰 아이와는 달리 둘째 아이는 친구가 곁에서 화를 돋우더라도 잘 참고 넘긴다고 하자. 그럴 경우 이 아이는 포용력이라는 정서 지능이 높다고 볼 수 있다.

다른 경우를 생각해보자. 엄마, 아빠가 고의든 아니든 홀대하는 아이가 있다. 같은 선물을 사주는데도 다른 형제들과는 달리 그 아이한테 주는 선물은 좀 소홀한 느낌이 든다. 그 때 그 아이 입장에서는 당연히 화가 난다. 하지만 다른 아이하고는 다르게 이 아이는 화를 폭발시키지 않는다. 그리고 '엄마, 아빠가 이번엔 이런 걸 줬지만 내가 이렇게 참고 있으면 다음 번 내 생일에는 다른 선물을 사주실 거야.' 하고 두 달 후 세 달 후를 기대하며 마음을 푼다.

이런 경우 이 아이는 분명히 정서 지능이 높다. 그렇지만 정서 지능이 전반적으로 높다는 의미는 아니다. 분노라는 정서를 통제하는 능력이 꽤 높다는 의미이다. 혼동하지 말아야 할 것은 이 아이의 경우, 분노를 통제하는 정서 지능이 높지 다른 감정 통제도 잘 하는지의 여부는 아직 미지수이다.

이미 언급했지만 아직은 일반적인 정서 지능 수준을 측정할 수 있는 방법은 없다. 필자의 생각이지만 앞으로도 한 가지 수치로 표현될 수 있는 일반적인 정서 지능 수준을 측정할 방도는 없을 것이다. 왜냐하면 사람의 정서 능력은 너무도 그 폭이 넓기 때문이다. 인지 지능처럼 좁은 게 아니다. 그래서 정서 영역을 한꺼번에 모두 측정해 총점이 몇 점이니 하는 일반화된 정서 지능 지수를 산출해내기는 불가능할 것이라고 보는 것이다. 부모들도 이 점을 기억하고 있어야겠다. 그리고 '우리 아이는 화를 잘 참는다.', '우리 아이는 인내심이 있다.', '우리 아이는 포용력이 크다.'는 식으로 세분화된 정서 지능을 얘기해야 할 것이라고 생각한다.

사람이 가지고 있는 심리적 특징은 완전히 선천적이지도 않고 완전히 후천적이지도 않다. 하다못해 지능의 경우도 그렇다. 사람이 갖고 태어나는 심리적 특징 가운데 가장 유전적인 요소가 강한 것이 지능인데, 대체로 80퍼센트 이상은 유전적으로 결정되지만 나머지 20퍼센트는 역시 후천적으로 결정된다. 정서 지능의 경우 IQ보다 훨씬 후천적인 요소가 강하다.

심리학에서는 IQ 연구와 더불어 성격 연구를 많이 한다. 연구 결과에 의하면 IQ보다는 성격이 후천적인 요소가 많다는 사실을 알게 된다. 물론 태어날 때 이미 아이는 어떤 기질, 행동경향을 가지고 태어난다. 신생아실에 가보면 천차만별이다. 어떤 아이는 조용한데 어떤 아이는 부산하다. 태어난 지 1주일도 안 된 아이들임에도 불구하고 벌써 개인차가 나타난다. 기본적으로는 정서 지능도 개인차를 가지고 태어나는 것을 볼 수가 있다. 그러나 IQ보다는 정서 지능이 훨씬 더 부모의 양육 태도나 주변에 있는 형제 및 교육 환경으로부터 많은 영향을 받는다는 사실을 알 수 있다.

정서 지능 측정의 역사

정서 지능이라는 말이 등장한 것은 1990년이지만, 훨씬 이전부터 정서 지능에 포함되는 능력들에 대한 측정은 지속적으로 이루어져왔다. 정서 지능의 구성요소는 정서인식 능력, 정서표현 능력, 감정이입 능력, 정서활용 능력, 정서조절 능력 등이지만, 과거에는 이와 유사한 개념이되 다른 용어로서 소개되고 측정되었다. 대표적인 것으로 만족지연 능력, 낙관성, 공감 능력 등이 있다.

만족지연 능력은 앞에서도 설명했던 미국 스탠포드 대학의 미셸 박사가 측정하고 실험했던 개념으로서 미래의 더 큰 만족을 얻기 위해 지금 현재의 유혹이나 만족을 참고 기다리는 능력을 말한다. 즉 두 개의 마시멜로를 얻기 위해 지금 한 개의 마시멜로를 먹지 않고 기다리는 것이다.

이러한 능력은 보다 나은 미래의 결과를 위해 당장의 쾌를 참고 통제하는 일종의 정서조절 능력이라고 볼 수 있다. 만족지연 능력에 대한 측정은 약 30여 년 전부터 이루어졌다.

낙관성을 평가하는 낙관성 지수는 이미 만들어져 활용되고 있다. 낙관성이라고 하는 건 자기가 어디에서 실수를 했으니 다음번엔 조심해서 실수를 반복하지 않도록 해야겠다는 생각을 갖는 태도이다.

예를 들어 자기 딴에는 열심히 공부를 했는데도 시험 성적이 올라가지 않았다고 하자. 이럴 경우 많은 아이들은 '나는 공부해봐야 점수도 안 올라가. 성적도 맨날 제자리걸음인데 뭐하러 지겨운 공부를 해.' 하며 포기한다. 이런 자녀를 두고 있는 학부모의 경우 상당한 곤욕을 겪게 된다. 아이의 이러한 행동은 어떤 면에서 보면 자기좌절감에 빠져 있는 상태이다. '나는 열심히 할 만큼 했는데 성적이 안 올라. 난 아무래도 능력이 없나 봐. 능력도 없는데 공부는 또 하면 뭐 해.'라는 식의 좌절감이다.

이런 좌절 상태의 아이들로 하여금 공부를 잘 하게 하려면 우선 그 아이들이 지금 겪고 있는 좌절감과 비관적인 생각을 낙관적으로 바꿔주어야 한다. 대부분 이러한 아이들의 경우 낙관성이 상당히 낮은 편이다. 낙관성 점수가 높은 사람들은 비록 한두 번 실패를 해도 실패와 무관하게 칠전팔기로 다음 일을 잘 해낸다.

낙관성 검사는 펜실베니아대학의 심리학자인 마틴 셀리그먼(Martin Seligman)이 개발했다. 미국을 대표하는 보험 회사인 메트로폴리탄 라이프사(MetLife)의 의뢰를 받아 개발한 것으로, 좌절 상황에 대한 반응을 검사 대상으로 하고 있다.

성공과 실패에 대해 정서적으로 자기 자신을 어떻게 해석하느냐가 대단히 중요하다. 낙관성 역시 정서 지능의 중요한 영역인 자신의 상황에 따라 정서를 효율적으로 전환하는 정서활용 능력에 해당하는 능력이라고 볼 수 있다.

또 하나가 남의 표정을 보고 그 사람의 감정을 유추하는 능력이다. 여성들한테 상당히 발달되어 있는 이 능력은 친사회적이고 도덕적인 행동을 하게 하는 가장 중요한 단서이다. 어떤 사람의 표정만 보고도 '아, 저 사람이 지금 고민을 하고 있구나.', '저 사람이 지금 나에 대해서 어떻게 생각하고 있구나.' 하는 것을 잘 유추하는 사람일수록 적절한 적응 반응 행동이 나올 것이다.

물론 나에 대한 상대편 사람의 생각을 읽었다고 해서 바로 거기에 상응하는 행동이 나오는 건 아니다. 하지만 일단 적응 행동이 표출되기 위해선 상대방이 어떤 생각을 하고 있으며 어떤 감정을 가지고 있는지를 느끼는 일이 중요하다. 이것이 바로 공감 능력이라고 볼 수 있으며, 폰스(PONS)라는 척도가 공감 능력을 측정하는 검사로서 하버드대학의 심리학자인 로버트 로젠탈(Robert Rosenthal)에 의해 개발되어서 과거부터 지금까지 폭넓게 활용되고 있다. 이 검사 결과, 민감성이 높은 아이일수록 과제 수행이나 대인관계에서 크게 성공하는 경향이 확인되었다.

어떻게 보면 정서 지능이라는 개념은 오래 전부터 존재했었고 측정되어왔다고 볼 수 있다. 대부분의 사람들은 '공부 머리'도 중요하지만, 자신과 다른 사람들의 마음도 잘 이해하고 관리하는 '마음 머리'가 훨씬 중요할 수 있다는 것을 이미 알고 있었고, 이 '마음 머리'가 과연 무엇인지에 대해서 오랫동안 연구하고 측정해보려고 노력했음이 분명하다.

정서 지능 측정 방법

IQ와 정서 지능을 비롯하여 만족지연 능력, 낙관적사고 능력 등의 모든 심리적인 특성은 심리 검사를 통해서 그 능력이 어느 정도가 되는지 측정한다. 대부분의 능력을 측정하는 심리 검사는 보통 두 가지의 검사 형태를 취한다. 첫 번째는 수행 평가 검사이고, 두 번째는 자기보고식 검사이다.

수행 평가 검사는 실제로 능력을 가지고 있는지를 알아보는 검사이다. 예를 들어, 언어 이해 능력을 알아보기 위해서 여러 가지 문장을 제시하여 읽고 그 뜻을 말해보도록 하거나 풀어보도록 하는 경우가 이에 해당된다. 어느 정도 수준의 능력이 있는지를 측정해야 하기 때문에 대부분 정답을 찾는 문항으로 구성되어 있는 검사들이다.

자기보고식 검사는 검사를 받는 사람에게 자신의 능력을 스스로 평가해보도록 하는 검사이다. 가령 "화가 나면 잘 참는 편인가?"라는 질문에 '매우 그렇다'부터 '전혀 그렇지 않다'까지 중에서 선택하는 식이다. 대부분의 심리 검사는 자기보고식 검사의 형식을 취하여 응답자가 자신의 능력의 수준을 가늠해보도록 되어 있다.

정서 지능 지수를 산출하는 심리 검사에도 이 두 가지의 검사가 모두 있다. 즉 실제로 정서 능력이 있는지 알아보기 위해서 정답을 찾아보도록 하는 검사와 응답자가 자신의 정서 지능을 평가해보도록 하는 검사이다.

우선 실제로 정서 능력을 재는 수행 평가 검사를 살펴보자. 대표적인 검사가 정서 지능 개념을 처음으로 주장한 피터 샐로비와 존 메이어가 주도적으로 만든 "정서 지능 검사"가 있다. 이 검사의 원 제목은 그들의 이름을 따서 "메이어-샐로비-카루소 정서 지능 검사(Mayer-Salovey-Caruso Emotional Intelligence Test : MSCEIT)"라고 하는데, 얼굴 사진이나 그림, 음악 등에 표현되어 있는 감정이나 기분이 무엇인지 답해보는 내용으로 구성되어 있다.

예를 들면, 미소를 띠고 있는 한 여자의 사진을 보여주고, 사진 속의 여자가 드러내는 감정은 무엇인지 물어보는 것이다. 그리고 그 감정의 강도에 대해서도 물어본다. 즉 1부터 10의 정도에서 어느 정도의 감정을 나타내는 표정인지 물어보는 것이다.

음악도 마찬가지다. 구슬픈 음악을 들려주면서 이 음악에서 드러내고자 하는 감정은 무엇인지를 묻고, 그 감정의 강도에 대해서도 묻는다.

물론 이 검사는 수행 평가 검사이기 때문에 정답이 있다. 이렇게 정답을 찾는 방식으로 정서 지능의 하위 영역별 문항을 풀도록 구성되어 있다. 이 정서 지능 검사의 하위 영역은 정서인식 능력, 정서표현 능력, 정서조절 능력 등이 있다.

이와 같은 수행 평가 검사는 비교적 정확하게 실제 능력을 알아볼 수 있지만, 검사하는 데 너무도 많은 시간이 걸려서 성인들도 끝까지 검사를 마치는 데 어려움을 느낀다. 그렇다보니 어린 아동들에게 사용하기는 더욱 어려운 검사라고 볼 수 있다.

자기보고식 검사도 여러 종류가 있다. 정서 지능 개념을 대중들에게 널리 알리는 데 크게 기여한 골먼이 만든 정서 지능 검사도 있고, 바-온이 만든 검사도 있다. 이 검사를 받을 수 있는 연령은 청소년 이상의 성인들이며, 자신의 정서 능력에 대해 스스로 답해보도록 한다. 그렇지만 이 검사는 정서 지능의 원래 내용보다 훨씬 많은 하위 영역을 포함하고 있다. 예를 들어, 골먼이 만든 정서 지능 검사는 의사소통기술, 관점채택 능력, 자아존중감 등을 비롯하여 15개 이상의 하위 영역을 포함하고 있어서 정서 지능만을 측정하는 검사라고 보기 어렵다. 바-온의 검사도 마찬가지다.

정서 지능에 대해서 다시 한 번 분명하게 짚고 넘어가야 할 점은 정서 지능이 인간관계나 감정 관리에 관련된 종합선물세트가 아니라, 정서를 얼마나 실생활에 적응할 수 있도록 잘 관리하는가에 관한 능력이라는 점이다. 이러한 능력을 가진 사람은 겉으로 보기에 친구를 잘 사귀는 사람일 수도 있고 내성적인 사람일 수도 있다. 즉 정서 지능이 높다고 해서 반드시 사교성이 높다고 볼 수는 없다는 것이다.

이러한 점을 감안한다면 이런 저런 능력을 모두 정서 지능의 능력이라고 주장하고 측정하는 것은 문제가 있다고 볼 수 있다. 이렇게 정서 지능을 측정한다면 정확하게 정서 지능만을 측정한다고 보기도 어려울뿐더러 검사의 신뢰도도 떨어뜨리는 결과이기 때문이다. 그러므로 한 사람의 정서 지능을 정확하게 측정하기 위해서는 아무래도 원래 정서 지능에 포함되어 있는 하위 영역을 중심으로 한 내용을 측정해야 할 것이다.

내 아이의 정서 지능은?

원만하고 행복하게 살아가는 데 필요한 능력이라고 알려진 정서 지능에 대해 알게 되면 "그럼 내 아이의 정서 지능은 어느 정도일까?"라는 궁금증을 갖는 것은 당연할 것이다. 우리나라에서도 이와 같은 궁금증 해결을 위해 정서 지능을 측정고자 하는 열의가 대단했다. 그리고 유아부터 성인에 이르기까지 대부분의 연령대의 정서 지능을 측정하는 검사가 국내에서 개발되었다.

먼저, 유아를 대상으로 한 정서 지능 검사에 대해 알아보자. 어떤 검사든지 측정하기가 가장 어려운 대상이 바로 유아이다. 유아는 자신의 능력에 대해 정확하게 파악하기가 어려운 상태에 있기 때문에 자신이 무엇이든지 잘 한다고 과대평가를 하거나, 잘 모른다고 과소평가를 한다. 이는 유아가 아직 인지적으로 정확하게 이해하는 능력이 미숙하여 발생하는 것이다. 그러므로 유아의 정서 능력을 유아에게 물어보는 것은 불가능하다.

그렇다면 유아의 정서 지능을 측정하는 일도 불가능할까? 이에 대한 방법이 두 가지가 있다.

첫 번째 방법은 유아의 평소 생활을 객관적으로 잘 파악하고 있고 유아의 능력에 대해서 비교적 정확하게 알고 있는 유아의 유치원 선생님에게 평가해보도록 하는 것이다. 유아의 일상적인 행동을 가까이에서 가장 정확하게 보고 알고 있는 선생님에게 유아의 정서 능력을 물어보고 점수를 산출해내는 것이다.

두 번째 방법은 수행 평가 검사로 알아보는 것이다. 이 경우는 대체로 그림으로 만들어진 검사를 활용한다. 유아의 생활과 관련하여 감정이 담겨 있는 그림, 예를 들어 아이들끼리 싸우는 그림이나 울고 있는 아이의 그림 등을 보여주고 그 그림 속에 나타나 있는 정서를 이해하는지, 어떻게 바꾸는 것이 좋은지에 대해 유아에게 대답해보도록 하는 것이다. 이런 경우에는 분명한 정답이 있기 때문에 유아의 정서 지능을 어느 정도 파악할 수 있다.

이와 같은 두 가지 방법으로 측정다면 유아의 정서 지능은 비교적 정확하게 알아낼 수 있다.

초등학생부터는 자기의 정서 지능에 대하여 평가하는 자기보고식 검사 방법이 가능하다. 그 이유는 초등학생 정도 되면 자신의 능력에 대해서 어느 정도는 객관적으로 이해하고 응답할 수 있기 때문이다. 초등학교 아동부터 청소년, 성인을 대상으로 한 자기보고식 정서 지능 검사는 상당히 많은 편이다. 그렇다면 이러한 질문을 할 수 있을 것이다.

"어떤 검사가 좋은 검사인가요?"

셀 수 없이 많은 정서 지능 검사(이른바 EQ 검사)들 속에서 정확한 결과를 알아낼 수 있는 검사를 사용하려면 일단 검사의 신뢰도를 살펴보아야 한다. 신뢰도는 검사의 문항들이 정서 지능을 정확하게 측정하고 있음을 보여주는 지표이다. 그러므로 정확한 정서 지능 검사라면 신뢰도가 어느 정도인지 제시해 줄 것이다.

이 책과 함께 활용하게 될 곽윤정 박사가 쓴 〈정서 지능 다이어리〉의 내용 안에 필자가 개발한 정서 지능 검사의 문항들을 수록해놓았다. 물론 신뢰도가 확보된 정확한 검사이다. 〈부모용 정서 지능 다이어리〉에는 성인용 정서 지능 검사가 실려 있으며, 〈아동용 정서 지능 다이어리〉에는 초등학생용 정서 지능 검사의 문항이 수록되어 있다. 〈정서 지능 다이어리〉를 이용하여 정서 지능 교육을 하기 전에 부모와 자녀의 정확한 정서 능력의 상태를 파악하기 위해 실시하는 것이다.

그렇지만 여전히 자기보고식 검사의 약점은 나타날 수 있다. 가령, 높은 점수를 받기 위해서 무조건 바람직한 쪽으로 답을 하게 된다면 정확하게 정서 지능을 측정할 수 없다. 이를 극복하기 위해 필자는 성인을 대상으로 한 '상황 수행 검사'를 만들었다. '상황 수행 검사'는 우리나라 남녀에게 일어날 수 있는 갈등 상황에 어떤 행동으로 대처할 것인지 응답하도록 되어 있다. 누군가에게 화가 나는 상황이라든지, 가까운 주변 사람과 겪게 되는 갈등에 어떻게 대처할 것인지 행동을 선택하는 것을 보면 어느 정도 정서 지능을 파악할 수 있을 것이다.

그리고 중요한 것은 검사 결과에 대해 어떻게 받아들일 것인가 하는 점이다. 어떤 심리 검사나 능력 검사도 마찬가지지만, 검사의 결과는 현재의 상태만을 말해줄 뿐 그 결과가 영원히 계속해서 반복되지는 않는다. 즉 심리나 성격은 변화될 가능성이 너무도 많다. 더구나 정서와 같은 능력은 자신의 노력과 경험에 의해 얼마든지 향상될 수 있다. 그러므로 정서 지능 검사의 결과를 받아들고서 자만하거나 혹은 실망이나 좌절을 할 것이 아니라, '현재의 상태가 이러하니까 노력하면 좋아지겠구나.'라고 생각하는 것이 가장 바람직하다고 하겠다.

4장

정서 능력을 키우면 인생이 달라진다

낮은 정서 지능이 마음을 병들게 한다 | 정서 지능이 높은 사람은 인생이 다르다 | 행복 지수는 정서 지능 지수와 비례한다 | 세 살 정서가 여든까지 간다 | 가정으로 돌아가라 | 열린 학교 교육은 정서 지능 교육에 있다 | 기업도 정서 능력자를 원한다

낮은 정서 지능이 마음을 병들게 한다

한동안 텔레비전의 뉴스를 보는 것조차 두려운 시간이 있었다. 채 피어나지도 않은 어린 소녀들이 성추행을 당한 것도 모자라 차가운 주검이 되어 애타게 기다리던 부모들을 절규하게 만든 사건이 있었다. 그것뿐인가. 여성에 대한 적개심과 분노를 다스리지 못하고 아무런 잘못도 없는 부녀자들을 셀 수 없이 희생시킨 연쇄 살인범의 사건은 경악을 금치 못하게 만들었다.

이런 범죄를 보며 '어떻게 인간이 그럴 수 있을까?'라는 생각이 들며 한동안 고민한 적이 있다. 그저 불우한 환경에서 제대로 교육받지 못하고 자라나서 그렇게 되었다고 속단하기는 어렵다. 어려운 가정 배경 속에서도 정직하고 성실하며 선하게 살아가는 사람들이 얼마나 많은가.

필자는 이런 사건을 바라보며 정서 능력이 다른 어떤 능력보다도 인간 삶을 좌우하는 결정적인 능력이라는 생각을 하게 되었다.

극악한 범죄를 저지르는 사람들의 특징은 대부분 자신이 하는 행동을 성찰하고 자신의 감정을 들여다보고 이해하는 능력이 현저하게 부족하다. 이러한 능력이 바로 정서인식 능력인데, 정서인식 능력은 정서 지능의 초석이다.

사람들은 누구나 실수를 하기도 하고 화를 내기도 한다. 이럴 때, '아, 이런 행동을 하다니 너무 부끄럽다.' '나는 지금 저 사람 때문에 너무 화가 난다.' 등의 생각으로 나를 들여다보면서 다음에 같은 실수를 저지르지 않겠다고 결심하기도 하고, 화가 나는 자신을 바라보면서 어느 정도 감정을 통제할 수 있게도 된다.

그런데 많은 범죄자들은 범죄 행동을 하면서도 자신이 무슨 짓을 하고 있는지, 그 행동이 어떤 결과를 초래할지 등에 대한 인식 능력이 현저하게 부족하다. 자신의 감정이나 생각을 들여다보고 이해하지 못하는 사람이 어떻게 다른 사람의 감정이나 정서를 알 수 있겠는가.

동서고금을 막론하고 끔찍한 범죄를 저지른 사람들의 특징 중 하나가 다른 사람의 감정이나 정서에 대한 공감 능력이 거의 발달하지 않았다는 점이다. 공감 능력은 도덕성과도 관련이 깊은데, 다른 사람의 슬픔, 고통, 아픔 등을 자신의 것처럼 받아들이고 느끼는 사람들은 그 감정을 살려서 가난하고 약한 사람들을 도우려고 하는 이타적인 행동을 하게 마련이다.

만약 희생자들이나 피해자, 그들의 가족들이 갖게 될 감정적인 고통을 가해자들이 조금이라도 느꼈다면 그런 범죄들을 절대로 저지르지 않았을 것이다.

그러다보니 자신의 감정이나 정서를 관리하고 조절하는 능력도 발달하지 못한 것이라고 볼 수 있다. 아니, 어쩌면 자신의 감정과 정서를 통제해야 하는 필요성조차도 느끼지 못했을지도 모른다. 그저 화가 나면 닥치는 대로 화풀이를 하여 다른 사람들에게 치명적인 상처를 입히고, 성적인 욕망을 느끼면 건강하게 해소하고 통제하지 않고 아무 사람에게나 피해를 주는 것이다.

어떻게 보면 정서 능력들은 마치 끊을 수 없는 고리처럼 연결되어 있다고 볼 수 있다. 자신의 감정이나 정서를 제대로 이해하지 못하면 다른 사람들의 감정도 받아들이지 못하고, 그러다 보니 그것을 조절하거나 관리해야 하는 능력도 발달하지 못하게 되는 악순환이 계속되는 것이다.

더욱 불행한 것은 이러한 범죄자들에게 정서 능력을 키울 수 있는 연습의 기회가 어릴 때부터 주어지지 않았다는 것이다. 정도의 차이가 있지만 사람마다 좌절을 하고, 슬픔을 겪고, 아픔을 느끼는 일들을 겪게 된다. 중요한 것은 감정적으로 어려운 상황을 어떻게 해결하느냐이다.

다른 사람들에게 잊을 수 없는 상처를 주며 자신의 욕망을 해결했던 사람은 건강하고 적응적인 정서 능력을 발달시킬 수 있는 기회를 잃은 것이다.

능력은 교육과 연습을 통해서 길러진다. 정서 능력은 노력 여하에 따라 얼마든지 발달할 수 있는 능력이다. 영어를 자주 사용하지 않으면 영어 실력이 향상되지 않거나 오히려 퇴보하는 것과 똑같은 이치이다.

나의 감정과 정서를 계속해서 들여다보고 그것을 바탕으로 다른 사람들을 이해하며, 정서적으로 건강한 삶을 위해서 정서를 관리하는 연습을 끊임없이 계속한다면 높은 정서 능력을 갖게 되는 것은 당연하다.

Tip

- 정서 능력은 노력 여하에 따라 얼마든지 발달할 수 있는 능력이다.
- 아이가 자신의 감정과 정서를 차분히 들여다볼 수 있도록 도와주어라.

정서 지능이 높은 사람은 인생이 다르다

'우리 아이는 IQ와 정서 지능이 모두 높았으면 좋겠다. 어떻게 하면 그렇게 될까?'

우리가 인생을 살아가는 데 있어서 두 가지 능력 모두가 필요한 것은 사실이다. 그렇다면 정서 지능을 가르치는 학교나 학원이 있는 것도 아닌데 어떻게 해야 할까? IQ도 마찬가지지만, 정서 지능 역시 하루아침에 만들어지는 것이 아니라 오랜 시간과 노력의 결과로 나타난다.

어떤 능력이 하루 열심히 공부했다고 해서 바로 만들어지겠는가? 한 달 열심히 과외 공부나 학원을 다녔다고 학교 공부를 잘 하게 되는 경우는 거의 찾아볼 수 없다. 특히 수학 같은 경우는 비교적 단순한 공식부터 차근차근 밑받침이 만들어져야 잘하게 된다. 이와 마찬가지로 사람의 마음을 이해하고 읽어내며 관리하는 능력도 '자, 이제부터 해보자.'라고 결심한다고 해서 마술처럼 이루어지는 것이 아니다.

어쩌면 학교 공부보다 더 오랜 시간 동안 연습하고 노력하여 차곡차곡 만들어지는 것이 바로 정서 능력일 수 있다. 학교 공부는 정답을 찾는 능력이므로 원리와 공식을 열심히 숙달한다면 언젠가는 그 노력의 결실을 맺게 되겠지만, 사람의 기분이나 감정은 사람마다 다르고 상황마다 다양하기 때문에 어린 시절부터 노력해야 한다.

가령, 다른 사람의 감정과 기분을 이해하는 능력인 정서인식 능력의 경우를 보자. 사람마다 기분 나쁘다는 것을 표현하는 방식이 다르다. 어떤 사람은 입을 삐죽거리고 눈도 마주치지 않을 수도 있고, 어떤 사람은 자신이 화났다는 것을 표시조차 내지 않는 사람도 있다. 또 어떤 사람은 길길이 뛰며 정말 불같이 화를 내는 사람도 있다. 그렇다면 어떻게 사람들이 화가 났다는 것을 알고 그에 맞게 처신해야 할까?

이것을 알아가고 자연스럽게 행동으로 옮기게 되는 과정이 바로 정서 능력 계발이자 정서교육이 된다고 할 수 있다. 부모의 입장에서도 이 점이 가장 궁금할 것이다.

자녀의 정서 지능을 높이기 위해서는 일단 정서 지능이 높은 사람의 특징을 알아야 할 필요가 있다. 정서 지능이라는 것이 눈으로 바로바로 확인할 수 있고 향상되는 것이 그래프처럼 나타나는 것이 아니다. 그렇기 때문에 정서가 발현되는 일상의 행동과 특징을 통해서 그 능력을 가늠해야 할 것이다.

그럼 이제부터 우리의 일상생활 속에서 찾아볼 수 있는 정서 지능이 높은 사람의 특성을 알기 쉬운 덕목으로 연결하여 알아보도록 하겠다.

용서와 정서 지능

얼마 전, 우연히 목격하게 된 일이다. 필자가 사는 동네에는 놀이터가 있는데, 이 놀이터는 근처 초등학교 아이들의 집합 장소였다. 학교가 끝나는 시간쯤에는 항상 아이들로 붐비는 곳이다.

어느 날엔가 낯익은 아이들 몇몇이 모여 있었다. 그 놀이터의 터주대감들인 아이들로, 짐작컨대 4학년 정도였다. 아이들 서너 명이 한 아이를 둘러싸고 자기들끼리 낄낄거리고 있었다. 지나치며 들으니 둘러싸고 있는 아이를 집중적으로 놀리고 있는 중이었다.

"야! 뚱땡이, 너 또 먹냐?", "야, 너 가슴이 우리 누나보다 더 크다.", "너무 뚱뚱해서 옷 속에 살을 넣고 꿰맨 것 같다."

아무리 아이들이지만 친구의 약점을 이렇게 놀리다니, 필자는 싸움이라도 날까 봐 마음이 조마조마했다. 놀림을 받는 아이는 뚱뚱하면서 키도 커서 또래들보다 서너 살은 많아 보였다.

그런데 어떻게 된 일인지 놀림을 받던 아이는 눈을 한 번 힐끗 흘기더니 곧 하하 웃으면서 "야, 너희들 내가 오늘은 용서해줬다. 그만 놀리고, 우리 저기 가서 아까 하던 게임이나 하자."라고 유쾌하게 말했다. 잠시 전의 살벌한 분위기는 온데간데없이 사라지고 아이들도 뒤따라가는 것이었다. 필자는 놀림을 받던 아이의 말과 행동을 그 자리에서서 곰곰이 생각해보았다.

우리는 용서라는 말을 쉽게 한다. "좋아, 내가 이번만은 용서해 주마.", "그까짓 것 그냥 용서해줘."라는 식으로 말이다. 그렇다면 실제로 용서는 이렇게 쉽게 할 수 있는 것일까? 용서라는 말은 과연 무슨 뜻일까?

용서라는 말의 개념을 사전에서 살펴보면, 타인의 잘못이나 과오를 꾸짖거나 탓하지 않는 것을 말한다. 사전의 뜻이야 쉽게 알 수 있지만, 누군가의 잘못을 진정으로 덮어주고 웃으면서 "그래, 그럴 수 있지. 나도 누군가를 마음 아프게 하고 상처를 준 적이 있을 거야."라고 생각하는 것은 무척 어려운 일이다.

많은 경우, "내가 너보다 나은 사람이니 용서해주겠다."는 도덕적 우월감이나 "그럴 가치도 없으니 잊어버리고 말겠다."라는 무시를 용서로 착각하고 있을 수도 있다. 이렇게 생각하는 것은 진정한 용서는 아니다. 그렇기 때문에 비슷한 상황이 발생하거나 자신에게 피해를 준 사람을 만나게 되었을 때 다시 억누르기 힘든 감정이 북받쳐오르는 것을 느끼게 된다.

다 큰 성인도 용서라는 것이 어려운 일인데, 하물며 세상 경험도 적고 타인의 감정에 공감하는 능력이 덜 발달한 아동에게 용서한다는 행동은 얼마나 어려운 일이겠는가?

그렇다면 아동이 누군가를 진정한 의미에서 용서하게 된다는 것은 불가능한 일일까? 아이가 세상 경험이 풍부해지고 공감하는 능력이 저절로 발달할 때까지 기다려야 진정으로 용서할 수 있게 될까? 수학 능력이든 언어능력이든 학습이라는 것이 중요하다. 용서라는 행동도 학습한다면 아동일지라도 충분히 발달할 수 있을 것이다.

대신 용서를 학습할 수 있는 프로그램이 중요하다. 용서할 수 있는 능력을 학습하기 위해서는 세 단계를 거쳐야 한다.

첫 번째는 나도 누군가에게 잘못을 저지를 수 있다는 자기반성의 능력을 키워보는 것이다. 사람이 살다 보면 자신도 모르는 사이에 누군가에게 상처를 주거나 잘못을 저지를 수 있다. 스스로 그런 경우를 돌이켜보고 반성을 해보는 것이 진정한 용서의 첫 번째 단계라고 볼 수 있다.

두 번째는 타인의 입장을 나의 것처럼 생각하여 역지사지(易地思之) 해보는 것이다. 남의 아픔을 나의 것처럼, 남의 기쁨을 나의 기쁨처럼 여기고 더 나아가 타인의 과오나 잘못을 보더라도 그 사람의 입장에서 헤아리고 인정해보는 것이다.

세 번째는 마음으로 느낀 용서의 감정을 행동으로 표현하는 것이다. 마음속으로는 용서했다고 할지라도 그것을 직접 행동으로 표현하는 것은 용서하는 마음만큼이나 어려운 일이다.

그런데 이 세 가지는 모두 정서 지능의 하위 능력과 관련이 있다. 첫 번째는 자신의 행동을 반성적으로 생각하여 행동과 감정을 관리하는 정서조절 능력이고, 두 번째는 공감 능력이며, 세 번째는 정서표현 능력이 된다. 그러므로 이 세 가지 학습을 통해서 용서뿐만 아니라 정서 능력도 함께 좋아진다고 볼 수 있다.

다시 이야기의 맨 처음으로 돌아가서 놀림을 받던 그 아이는 벌써 진정한 용서를 학습했다고 할 수 있다. 자신을 놀리던 친구들에게 복수하기보다는 자신도 누군가를 놀린 적이 있다는 것을 반성하면서 직접 행동으로 용서를 표현한 것이다. 확신컨대, 이 아이는 분명 다른 정서 능력도 높은 아이일 것이다.

정서 지능이 높아야 유머도 자라난다

요새 초등학생들에게 가장 인기 있는 직업이 무엇일까? 예전에 초등학생들에게 가장 인기 있는 직업은 의사, 판사, 변호사, 간호사 같은 직업이었다. 하지만 요즘 초등학생들이 가장 되고 싶은 직업은 바로 연예인이다. 연예인 중에서도 개그맨이 되고 싶다는 초등학생들이 압도적으로 많다.

예전에는 개그맨이나 코미디언이라는 직업에 대하여 좋은 인상을 갖고 있지 않았다. 남을 웃긴다는 것이 좋은 직업이라고 대우 받지 못했을 뿐 아니라 사람들에게 인정받지 못했다. 그러나 지금은 온갖 방송과 광고를 주름잡고 아이들에게 매력적으로 보이는 직업이 바로 개그맨이다.

이러한 현상은 무엇을 말하는 것일까? 세상이 변하고 시대가 변해서 아이들이 선호하는 직업이 바뀐 것이다. 하지만 무엇보다도 현대사회에서 사람들과 어울려서 잘 적응하여 살아가기 위한 덕목이 근면이나 성실보다는 유머나 재치라는 덕목으로 변했다는 것을 쉽게 유추해 볼 수 있다.

사실 교실에서 인기 있고 또래들과 잘 어울리는 아이는 바로 재미있고 잘 웃기는 학생이다. 그동안 중요하게 생각되지 않던 유머라는 덕목은 이제 살아가면서 적응을 잘하기 위해 갖추어야 할 중요한 능력이 된 것이다.

그렇다면 유머가 왜 그렇게 중요할까? 유머 있는 사람들의 가장 큰 장점은 무엇보다도 타인의 기분을 유쾌하게 바꾸어주는 데 있다. 엄마가 기분이 좋은 것 같지 않다거나, 친구가 우울해할 때 재미있는 이야기로 사람들의 마음을 풀어주고 기분을 전환하여 주는 아이가 훨씬 귀여움을 받고 사람들에게 인기 있는 것은 당연한 결과이다.

유머라는 덕목은 사람들의 기분을 전환하여 보다 잘 적응하도록 만드는 것이다. 유머를 갖춘 사람이 모든 조직 내에서 놀라운 적응력을 발휘하는 것도 바로 이러한 이유 때문이다. 유머라는 능력은 정서 능력과 밀접한 관련이 있다. 유머는 정서 능력 중에서 타인의 정서조절 능력에 해당한다. 사람들의 우울한 기분을 바꾸어줄 수 있는 가장 좋은 방법은 바로 유머이다. 그러므로 유머가 높은 사람이 정서 능력이 높은 것은 당연한 것이다.

그러므로 유머를 길러주기 위해서는 정서조절 능력을 키워주는 데 초점을 두는 것이 적절할 것이다. 이 때 중요한 것이 있다. 유머라는 것이 재미있는 유머집을 보거나 코미디 프로그램을 본다고 해서 금방 길러질 수 있는 것이 아니라는 것은 분명하다. 유머와 마찬가지로 다른 사람의 기분을 바꾸는 능력인 정서조절 능력도 단시간에 길러지는 것이 아니라는 것을 염두에 두고 장기간의 계획을 세우는 것이 보다 합리적이고 바람직하다.

낙관적인 마음과 정서 지능

흔히 인용되는 반 컵의 물을 보고 '아, 물이 반이나 남았네'와 '어, 물이 반밖에 남지 않았네'라는 두 가지 생각은 같은 대상물을 바라보는 세상에 대한 관점이며, 주변에서 일어나는 사소하거나 중대한 일을 받아들이는 마음의 눈이 된다.

전자는 세상의 일들을 낙관적으로 받아들이는 마음이다. 좌절이나 고난을 겪더라도 '그래, 사람이 살다 보면, 어려울 때도 있고, 좋을 때도 있겠지. 다음에는 잘 될 거야.'라고 스스로를 위로하는 마음이다. 이런 마음을 갖고 사는 사람은 실패를 경험하더라도 오뚝이처럼 다시 일어날 수 있는 의지를 갖고 있다.

후자는 세상의 일들을 비관적으로 조금은 회의적으로 받아들이는 마음이다. 조금 어려움을 겪어도 '아, 나는 왜 매사에 일이 잘 풀리지 않을까? 왜 나에게만 이렇게 나쁜 일이 생기는 걸까?'라고 생각하게 된다. 이런 마음을 갖고 사는 사람은 자신의 능력을 비하하고 언제나 자신이 불행하다고 느끼면서 살게 된다. 과연 어떤 모습의 사람이 인생을 행복하게 살아갈 수 있을까?

낙관적인 마음은 희망과 행복을 부르고, 비관적인 마음은 죽음과 불행을 부른다고 많은 사람들이 흔히들 말하는데 실제로 그럴까? 이를 실제로 입증한 연구가 있다. 바로 미국의 유명한 심리학자 중 한 사람인 도널드 클리프턴(Donald Clifton)의 연구인데, 놀랍게도 그는 바로 우리 한반도의 비극인 한국전쟁에서 이를 발견했다. 그는 우연히 한국전쟁에 참전하여 북한군에 포로로 잡힌 미군이 유난히 자살을 많이 했다는 것을 알게 되었다. 포로로 잡혔던 미군 중에서 30%나 되는 사람이 자살을 했다는 것이다. 더 놀라운 것은 북한군이 전혀 학대를 했다거나 폭력을 행사했다는 흔적을 발견하지 못했다는 것이다.

그래서 도널드 클리프턴은 그 원인을 샅샅이 알아보았는데, 바로 원인은 북한군의 심리전이었다는 것을 알아냈다. 북한군은 미군들을 서로 감시하여 밀고하게 했다. 일종의 '5호 담당제'였다. 그렇지만 밀고의 대상인 사람에게는 어떤 위해도 가하지 않았으므로 잡혀있는 사람들은 누가 밀고의 대상인지, 밀고자인지도 알 수가 없어서 알게 모르게 서로에 대한 불신을 갖게 만들었다.

그리고 정기적으로 사람들에게 자신의 잘못이나 과오, 씻을 수 없는 치욕스러운 과거의 실수 등을 사람들 앞에서 고백하게 하는 '자아비판'을 하게 했다.

마지막으로 고국에서 오는 편지들 중에 희망적이고 즐거운 소식들은 모두 없애버리고, 누가 죽었다거나 경제적으로 어려워졌다는 등의 우울하고 슬픈 소식이 담긴 편지만을 전달해주었다.

무엇 하나 제대로 할 수 없는 갇혀 있는 상태의 사람들에게 이러한 행동을 반복적으로 했을 때 과연 어떤 일이 일어날지 상상이 가는가? 자신의 우울했던 지난 과거를 끊임없이 떠올리면서 암담한 현실과 동료에 대한 불신이 가득한 곳에서는 어떤 장사라도 절망할 수밖에 없었을 것이다. 이것이 바로 자살이라는 극단적인 선택으로 몰고 갔을 것은 불 보듯 뻔한 일이다.

낙관적인 마음과 비관적인 마음을 가진 사람들이 어떻게 살아가는지 보여주는 또 다른 연구가 있다. 미국의 심리학자인 마틴 셀리그먼은 '낙관성과 비관성' 을 연구한 학자이다.

어느 날, 그에게 미국의 유명한 보험회사인 메트로폴리탄 라이프사의 사장이 찾아와 자기 회사에 입사하고자 하는 지원자들 중에서 낙관주의자를 선발할 수 있는 검사를 개발해달라고 했다. 이 회사에서는 매년 5천 명의 신입사원을 선발한 뒤 일인당 3만 달러 이상을 투자하여 교육을 하는데, 4년 동안 80% 정도가 회사를 그만두어 회사는 손해가 이만저만이 아니었다.

셀리그먼은 낙과주의자를 찾아낼 수 있는 검사를 개발했다. 그 결과 면접 점수나 학교 성적은 낮지만 낙관성 검사에서 높은 점수를 받은 사람은 회사에 입사해서 잘 적응할 뿐만 아니라 다른 사람들보다 훨씬 높은 실적을 올려서 승승장구했다.

이 두 연구를 가만히 생각해보면, 너무도 당연한 결과라는 것을 알 수 있을 것이다. 미래를 알 수 없이 갇혀 있는 포로가 희망은 전혀 보이지 않고 절망을 딛고 일어설 힘도 없다면 과연 어떤 행동을 선택할 것인가?

보험 세일즈맨은 또 어떠한가? 보험회사 세일즈라는 것이 문전박대를 당하기 일쑤이며 남에게 아쉬운 소리를 해야 하거나 사람들에게 수모를 겪을 수 있는 직업인데, 이런 상황에서 가장 필요한 것은 바로 오뚝이처럼 일어서고 긍정적으로 생각하는 낙관성이다. 그러니 셀리그먼의 검사에서 높은 점수를 받은 사람이 성공하는 것은 당연한 결과이다.

그렇지만 어디 포로 수용소에 갇혀 있는 포로나 보험회사 세일즈맨만 낙관성이 필요한가? 사실 이것은 세상을 살아가면서 볼 수 있는 낙관주의자와 비관주의자들의 살아가는 모습의 차이라고 해도 과언은 아니다. 낙관적인 마음을 가진 사람은 '오늘보다 좋은 내일이 오리라'고 생각하지만, 비관적인 마음을 가진 사람은 '지겨운 하루하루, 내일도 힘겹겠지'라고 생각한다. 사람사는 모습은 생각하기, 마음먹기에 달려 있다.

중요한 것은 이런 마음이 바로 습관처럼 길러진다는 것이다. 세상을 낙관적으로 받아들이는 마음이나 비관적으로 받아들이는 마음이나 모두 어릴 때부터 차근차근 길러진다. 세살 버릇 여든까지 간다는 말이 세상을 바라보는 눈에도 적용된다.

자녀의 세상에 대한 눈을 낙관적으로 길러주는 것이 필요하다는 것은 두말 할 나위 없다. 그렇다면 어떻게 해야 낙관성이 길러질까?

낙관성은 바로 정서 능력의 정서조절과 정서적 사고의 작동 능력과 관계가 깊다. 아무리 어렵고 힘든 상황을 겪더라도 그만두고 싶은 마음을 조절하고 통제하는 정서조절 능력이 중요하다. 그리고 하기 싫고 두려운 일을 눈앞에 두고 있더라도 그것을 위해서 기분을 전환하고 바꿀 수 있는 정서적 사고의 작동 능력과 관계가 깊다. 이 두 능력을 증진시켜줄 때 자녀의 낙관성도 함께 발달하게 될 것이다.

용기 있는 사람의 정서 지능

용기라는 말의 의미는 무엇일까? 정의 사회 구현을 이루려는 마음, 불의를 보고 참지 못하는 마음이 용기일까? 물론 이런 마음도 용기에서 나오는 마음이다. 그렇지만 용기가 거창한 일을 하는 데에만 필요한 것이 아니라 우리의 일상생활 속에서 용기가 절실하게 요구될 때도 많다.

일상생활 속에서 필요한 용기는 과연 무엇인가?

용기 있는 마음은 몇 가지로 구분할 수 있다.

첫 번째는 자신의 잘못을 스스로 인정하고 사과할 수 있는 용기이다. 어른이건 아이건 간에 모두 자신의 잘못을 알면서도 그것을 인정하는 것은 어렵다. "나만 그런 것도 아닌데……." "그렇게 할 수밖에 없는 이유가 있었다."라고 핑계거리를 대거나 변명을 하는 것을 자주 본다. "내 잘못이다.", "미안하다, 다음부터는 그런 실수를 안 하겠다."라고 시원하게 말하는 것을 찾아보기 어렵다. 이렇게 말하는 데 가장 필요한 마음이 바로 용기이다.

두 번째는 좌절을 경험하더라도 그것을 털어버리고 일어설 수 있는 용기이다. 사람이 살다 보면 마음대로 일이 안 될 수 있다. 생각만큼 성적이 오르지 않거나 일이 뜻대로 되지 않을 수 있다. 또는 크게 실패하여 낭패를 볼 수도 있다. 이렇게 실패를 겪었을 때 마음을 다잡아 먹고 다시 일어서서 도전할 수 있게 하는 것이 바로 용기이다.

세 번째는 새로운 일을 시도하는 용기이다. 사실 남들이 안 해본 일을 한다는 것은 두려운 일이다. 시행착오나 성공적인 사례가 많으면 안정된 계획을 세울 수도 있고 실패할 확률도 적다. 그런데 남들이 안 해 본 일에 도전하는 것은 실패할 확률이 높은 일을 찾아서 하는 것과 다르지 않다. 이럴 때 필요한 것이 용기이다.

네 번째는 약하고 힘없는 사람들의 편에 설 수 있는 용기이다. 요즘 학교에서 가장 문제가 되고 있는 것이 아이들 사이의 왕따 문제이다. 약하고 힘없는 아이를 반 전체가 따돌리고 상처를 주는 것이다. 왕따 당하는 아이의 마음은 어떻겠는가. 그 아이를 위해서 작은 배려라도 할 수 있는 행동을 이끌어내는 것, 그것은 바로 용기이다.

특히 아이들의 경우에 이러한 상황 속에서 따돌림을 받는 아이와 함께 놀아주고 편을 들어주는 일은 정말이지 어려운 일일 것이다. 따돌림 받는 아이를 생각해주다가 자신도 같이 왕따의 대상이 될 수 있기 때문이다. 이처럼 커다란 두려움을 이겨내고 약한 사람을 도우려는 행동은 용기가 있지 않으면 할 수 없을 것이다.

이것이 우리 생활 속에서 발휘될 수 있는 용기들이다. 용기는 거창한 것이 아니다. 오히려 용기는 남을 생각하고 배려하는 따뜻한 마음이나 자신의 감정과 기분을 통제하는 능력에서 비롯된다고 할 수 있다. 이런 의미에서 용기는 타인과의 원만한 관계를 중요시하고 자신을 조절하는 정서 능력과 연결된다.

그러므로 자녀의 용기를 길러주는 것은 정서 지능을 향상시켜 주는 것과 깊은 관계가 있다. 구체적으로 언급하면 다음과 같다.

첫째, 다른 사람의 감정과 기분을 유추해보도록 한다. 장난삼아 친구를 놀리는 것이 얼마나 큰 마음의 상처가 될 수 있는지 입장을 바꿔 생각해보고 그 기분을 상상해보도록 한다. 남의 아픔을 아는 사람은 아프고 약한 사람의 편에 설 수 있는 용기가 있기 때문이다.

둘째, 실패의 경험이 자신을 들여다볼 수 있게 만들고 성숙하게 만들어준다는 것을 알려 준다. 이 때 위인전에 나오는 인물의 일화를 들려주어도 좋고, 부모님의 실제 이야기를 들려주어도 좋다. 오히려 부모님의 이야기가 자녀에게는 더욱 가슴에 와닿게 느껴질 수도 있다. 부모님도 어려운 상황을 겪어보았다는 이야기와 그런 경험을 통해서 얻은 소중한 지혜를 알려준다면 자녀에게 보다 성숙한 정서조절 능력이 키워질 것이다.

이후에 자녀에게 용기가 생기는 것은 당연한 결과이다.

꿈을 가지고 있는 사람이 아름답다

얼마 전 우연히 접하게 된 어른들을 위한 동화를 한 편 이야기하고자 한다. 정호승 시인이 쓴 '항아리'라는 제목의 동화인데, 내용을 간략히 소개하면 이렇다.

한 젊은이의 첫 작품으로 만들어진 항아리가 이야기의 주인공이다. 첫 작품인지라 이 항아리가 별로 마음에 들지 않았던 젊은이는 뒷간 모퉁이에 내버려두었다. 빗물이 차오르고 눈을 맞으면서도 항아리는 언젠가 주인인 젊은이가 자신을 찾아내어 무엇인가 쓸모 있는 데 사용할 것이라고 굳게 믿고 있었다.

그런데 어느 날, 젊은이는 항아리의 기대대로 무엇인가에 사용했다. 바로 오줌독이었다. 낮이고 밤이고 젊은이는 이 항아리에 와서 오줌을 누어 항아리에는 오줌이 가득 차게 되었다.

겨울이면 이 항아리는 오줌이 얼어붙어 자신이 깨질까봐 조마조마했지만 꾹 참고 기다렸다. 봄이 되니 젊은이는 항아리에 담긴 오줌을 퍼다가 밭에다 뿌리며 거름의 역할을 하게 하여 여러 싹들이 무럭무럭 자랄 수 있도록 했다. 항아리는 새로운 생명이 탄생하는 데 중요한 역할을 했다는 기쁨을 느끼며 오줌독으로서 살아갔다. 그렇지만 항아리는 마음을 가다듬으며 오줌독보다 더 아름답고 소중한 그 무엇이 되기 위해 간절히 기도하며 기다렸다.

오랜 시간이 흘러 젊은이는 죽고 젊은이의 아들이 스님이 되어 이 오줌독을 찾아왔다. 스님은 이제까지 오줌독이었던 항아리를 마치 보물이이라도 된 듯이 소중하게 여기며 종각의 종 밑에 묻었다. 그리고 종을 치자 소리는 종 밑에 묻혀 있는 항아리 속을 휘돌아 나가면서 이 세상에서 들어보지 못한 가장 맑은 소리를 내게 되었다. 드디어 항아리는 자신이 원하는 대로 모든 사람을 즐겁게 해줄 아름답고 소중한 그 무엇인가가 되었던 것이다.

이야기 속에서 항아리는 아름답고 소중한 무엇인가가 되기 위해 오랜 시간을 참고 마음을 가다듬으며 기다렸다. 중요한 것은 '자신이 쓸모가 있다'고 생각하는 굳은 마음, 즉 자신의 꿈에 대한 확신이다.

인생을 살아오면서 아마도 이런 경험을 한두 번은 해보았음직한데, 바로 내가 마음을 어떻게 먹느냐에 따라 상황과 결과가 달라진다는 사실이다. 내가 될 것이라고 생각하면 정말 이루어지고, 안 될 것 같다, 확신이 안 선다라고 생각한 것은 별로 좋은 결과가 나타나지 않게 되는 것을 종종 경험했을 것이다.

이러한 현상을 심리학에서는 플라시보 효과(placebo effect)와 노시보 효과(nocebo effect)라고 한다. 플라시보 효과는 긍정적으로 생각하고 잘 될 것이라고 생각하는 사람이 암도 이겨낼 때 사용하는 말이다. 그에 비해 노시보 효과는 잘 안 될 것 같다고 생각하고 걱정하기 시작하면 정말 그 결과가 비극적으로 나타날 때 쓰는 말이다.

노시보 효과가 얼마나 큰지 그 예를 하나 이야기해보자. 이것은 유럽의 한 선원에 대한 이야기인데, 그가 탄 배에는 유럽과 미국을 오가며 고기를 나르는 커다란 냉장고가 실려 있었다. 배가 유럽에서 미국으로 출발하는데 그만 실수로 그는 냉장고에 갇혀버리고 말았다. 몇 시간 동안 아무리 두드려도 문을 열어주는 사람도 없자 그는 몸이 점차 차가와지는 것을 느꼈다.

마침내 배가 미국에 도착해서 다른 선원들이 고기를 싣기 위해서 냉장고를 열었을 때 그 선원은 죽어 있었고, 냉장고 바닥에는 '몸이 점점 얼어붙고 있다, 이제 나는 곧 죽을 것이다'라고 써 있었으며 그의 몸은 뻣뻣하게 굳어 있었다. 그런데 더 놀라운 일은 그 냉장고는 냉장 장치가 켜져 있지 않았다는 점이다.

곧 얼어 죽을 것이다라는 그의 마음과 두려움이 실제로 그의 몸을 얼어붙게 만들었고 죽음으로 몰아간 것이다.

우리가 어떤 마음과 생각을 하느냐에 따라 우리의 인생은 달라진다. 우리의 꿈도 마찬가지다. 우리가 어떤 꿈을 꾸느냐에 따라 우리의 인생의 모습이 크게 달라지게 되어 있다.

'그저 밥이나 먹고 사는 거지 뭐'라고 생각하며 하루를 사는 사람과, 원대한 꿈을 가지고 사는 사람의 인생은 너무도 다를 것이다.

사람은 누구나 꿈을 꿀 수 있다. 자신이 되고 싶은 모습, 자신이 이루고 싶은 목표, 자신이 꼭 도달하고야 말겠다는 이상 등 누구나 꿈과 목표를 가질 수 있다.

어릴 때는 꿈이 무척 크다. '대통령', '과학자' 또는 '의사'가 되고 싶다고 대답한다. 그렇지만 차츰 나이가 들고 어른이 되어갈수록 꿈은 작아지거나 어릴 때의 꿈을 잊어버리고 살아간다. 내가 무엇이 되고 싶었는지, 어떤 사람으로 살고 싶었는지 잊어버리게 되는 것이다. 아예 꿈을 꾸지 않게 될 수도 있다. 어릴 때의 꿈을 간직하고 그 꿈을 이루기 위해서 노력하며 살아가는 사람이 생각보다 그리 많지 않다.

약하고 병든 사람을 도우며 일생을 살아가는 사람, 보다 좋은 세상을 만들기 위해서 노력하는 과학자, 아름다운 글로 사람들을 감동하게 만드는 문학가 등 이렇게 훌륭한 삶을 일구어내는 사람들의 공통점은 바로 어릴 때의 꿈, 자신의 고귀한 목표를 잊지 않고 그 꿈과 목표를 이루기 위해서 최선을 다하는 삶을 살아왔다는 것이다.

한 사람이 어떤 모습으로 세상을 살아가는지는 바로 어떤 꿈과 목표를 가졌느냐에 달려 있는 것이다.

그렇다면 부모로서 자녀가 앞으로 아름답고 훌륭한 삶을 살아가도록 도와줄 수 있는 방법은 자녀가 꿈과 목표를 가질 수 있도록 하는 것이다. 그 꿈이 무엇인가가 중요하기보다는 그 꿈과 목표를 이루기 위해서 어떤 노력을 하고, 그 꿈과 목표를 잊지 않는 것이 중요하다. 이 때 부모의 역할이 무엇보다도 중요하다. "너는 무엇이 되고 싶으냐?", "그 꿈과 목표를 이루기 위해서 너는 어떤 노력을 할 거냐?"라는 질문을 던져 자녀가 자신의 생활을 돌이켜볼 수 있도록 하는 것이 중요하다. 그러면 자녀는 생활과 마음을 가다듬게 될 것이다. 마치 항아리가 그렇게 했듯이 말이다.

자기반성과 정서 지능

우리는 살면서 자기반성을 한다. '나는 지금 제대로 살고 있나?', '나의 생활 태도를 고쳐야 하지 않을까?' 등등. 이런 생각들은 생활태도의 단점에 대한 사색이나 고쳐야 할 점에 대한 것들이다. 하지만 보다 정확한 자기반성의 의미는 이보다 더 넓다.

자기반성은 자신의 지난 날을 돌이켜보는 사색일 뿐만 아니라 앞으로의 일에 대하여 계획을 세우는 숙고(熟考)의 과정이며, 자신의 장단점을 정확하게 파악하고 있는 능력이기도 하다.

자기반성의 대표적인 위인을 꼽으라고 하면 아마 프로이트가 될 것이다. 프로이트는 '정신분석학'이라는 학문을 창시한 인물이며 인간 내면에 대한 날카로운 관찰과 분석으로 새로운 심리학 영역을 개척한 사람이다. 사실 정신분석학이라는 학문의 성격을 비추어 보기만 해도 프로이트가 자기반성의 대표적인 인물이라는 것을 인정하게 될 것이다. 정신분석학은 인간 내부의 무의식과 의식, 그리고 인간의 근본적인 충동과 욕구를 다루는 학문이며 인간의 정신도 몸과 마찬가지로 병에 걸릴 수 있다는 사실을 다루는 학문이다.

이러한 인간의 정신과 내면세계를 날카롭게 분석할 수 있으려면 자신의 내면세계를 정확하게 들여다볼 수 있어야 할 것이다. 그런 의미에서 프로이트는 가드너가 만든 다중지능 중에서 자아성찰 지능의 대표적인 인물이기도 하다.

가드너에 따르면 프로이트는 자신과 남들과의 차이를 알아차리거나 변별하는 능력, 자신의 장단점과 기분, 성향, 동기 등을 알고 있는 능력이 높았다고 한다. 이것이 바로 자아성찰 지능이며 정서 능력 중 정서인식 능력에 해당한다. 이렇게 자아성찰 지능과 정서인식 능력이 발달하는 사람의 행동적 징표가 바로 자기반성을 잘 한다는 것이다.

자기반성을 정확하게 하는 사람일수록 프로이트와 같이 인간 내면에 대한 탁월한 사유도 해낼 수 있다.

그렇다면 자녀의 자기반성은 어떻게 발달시켜줄 수 있을까? 사실 자기반성의 능력은 태어날 때부터 누구나 가지고 있다. 단지 양육이나 경험에 의해서 덜 발달하느냐 더 발달하느냐가 결정된다.

자기반성의 발달 과정을 언급하면, 갓난아기일 때는 자신과 타인을 정확하게 구분하지 못한다. 자신의 기분과 감정은 곧 다른 사람의 감정, 기분과 같은 것이다. 학교에 가기 전인 만 6세 정도가 되면 아동은 자신과 다른 사람은 완전히 다른 독립된 개체임을 알게 된다. 그러다가 학교에 들어가 사회를 경험하게 되면 아동은 자신과 다른 사람을 정확하게 구분하기 시작한다.

이 때가 바로 교육에서 매우 중요한 시기라고 볼 수 있는데, 이 시기에 자기반성의 경험을 많이 하고 부모의 가르침을 충분히 받는다면 아동은 보다 높은 수준의 자기반성의 능력을 갖추게 된다. 그렇다면 방법은 무엇인가?

좋은 방법은 자녀로 하여금 스스로 자신을 돌아볼 수 있고 자신의 능력을 정확하게 들여다볼 수 있는 기회를 제공할수록 좋다는 것이다. 자녀가 다른 사람과 자신을 구별할 수 있도록 질문을 많이 하는 것도 한 방법이다. "너는 무엇을 잘 한다고 생각하니?", "그럼, 무엇을 하기 싫고 무엇을 잘 못하니?" 등 아동 자신에게 초점을 두는 질문을 자주 다양하게 해보는 것이다. 이후에 아동은 그 질문에 대한 답을 찾기 위해서라도 자신을 돌이켜보고 깊은 사고를 할 기회를 갖게 될 것이다.

또 다른 방법으로는 자녀가 하루의 생활을 돌아볼 수 있는 시간을 마련해주는 것이다. 잠자기 전이나 하루를 정리하는 시간에 자녀가 자신의 생각과 행동을 스스로 반성하고 들여다볼 수 있는 '나만의 시간'을 갖도록 아이의 시간을 만들어주는 것이다.

이 시간에는 반드시 잘못한 행동이나 실수에 대해서만 반성하는 것이 아니다. 나의 하루는 어땠는지, 나에게 주어진 시간을 어떻게 보냈는지, 내 주변 사람과의 생활은 어땠는지, 나에게 어떤 일이 일어났을 때 나는 무슨 생각과 감정을 가졌었는지 등 아이와 관련된 것들을 돌이켜보는 철저한 아이만의 시간을 갖도록 하는 것이다. 이런 연습은 자녀를 좀 더 숙고하게 하고 자신을 들여다볼 수 있는 성찰 능력을 키우는 데 효과가 있다.

정서 지능이 높은 사람은 예절의 의미를 안다

지하철을 타고 시내에 나갈 일이 있었다. 출퇴근 시간이 아니라서 그런지 지하철 안은 그다지 붐비지는 않았다. 어느 역에서 엄마의 손을 잡고 예닐곱 살 정도 되는 남자아이가 탔다. 아이는 지하철에 오르자마자 빈자리를 찾는지 두리번거리며 “엄마, 자리가 없잖아.” 하고 소리를 질렀다. 아이의 엄마는 심드렁한 표정으로 대꾸도 하지 않았다. 아이는 짜증이 나는지 엄마에게 매달려 치근거리고 있었다.

조금 지나자 그 아이가 오매불망하던(?) 빈자리가 생겼다. 아이는 보물을 발견한 듯 뛰어가 빈자리에 냉큼 앉았다. 아이의 엄마도 아이 앞으로 자리를 옮겼다. 아이는 제 세상을 만난 듯 자리를 차지하고 앉아서 좋아하다가 엄마에게 큰 소리로 무엇이라고 말했는데, 여전히 엄마는 반응이 없었다. 엄마의 무반응에 화가 났는지 아이는 신발을 신은 채 자리에서 일어서 엄마를 향해 소리를 질렀다.

보다 못한 옆자리의 나이 지긋한 할머니가 한마디 했다.

"이 녀석, 신발을 신고 자리에 올라서면 안 돼. 그리고 사람들 많은 곳에서 소리지르는 게 아니야!"

엄격한 목소리에 겁이 났는지 아이는 쭈뼛거리며 할머니를 쳐다보다가 엄마에게 매달렸다. 그러자 아이 엄마가 한마디 했는데 그 대답이 가관이었다.

"이것 보세요, 할머니. 왜 남의 애, 기를 죽여요? 이 지하철 할머니가 전세냈어요? 소리 좀 지르면 뭐 어떻다고 난리에요!"

옳은 말 한마디 한 죄로 할머니는 이 젊디 젊은 아이 엄마에게 수모를 겪게 된 장면이었다.

필자가 목격한 이 장면은 요새 흔히 볼 수 있다. 잘못을 한 아이를 보고 그냥 내버려두는 것은 물론이고, 아이의 잘못을 지적하는 다른 사람에게 남의 일에 무슨 상관이냐는 부모. 이런 부모에게서 자란 아이가 예절 있는 사람이 될 것이라고 기대하는 것은 한마디로 무리다.

예절은 남을 위한 작은 배려의 표현이라고 할 수 있다. 남을 좀 덜 불편하게 하는 행동, 또는 존경하는 마음을 드러내는 행동이 바로 예절이다. 예절을 갖춘 행동, 예의바른 행동이 무엇인지 잠시 생각해보면 인사 잘하기, 공중도덕 잘 지키기, 양보하기 등 쉽게 할 수 있는 행동이다. 하지만 쉽게 할 수 있는 행동이라는 의미는 어릴 때부터 습관처럼 익혀온 사람에게 해당하는 말이고, 예절에 대해 교육을 받지 못한 사람은 의식적으로 노력하지 않는 한 쉽게 나오지 않는 행동이다.

그렇다면 예절이라는 덕목을 어떻게 가르칠 수 있을까? 일단 예절을 갖추지 않았을 때 겪게 되는 불편함과 불쾌함을 알려주는 것이 좋다. 즉 아는 사람이 인사도 하지 않고 지나갔을 때 느끼게 되는 기분,

지저분한 화장실이나 공공장소에서 겪는 불쾌함, 연락도 없이 늦게 들어오는 자녀를 걱정하는 부모의 마음 등에 대해 자녀와 이야기해보는 것이다.

사람의 행동을 일으키는 것은 바로 인지적인 능력이며, 인지적인 능력을 보다 원활하게 촉진하는 것이 바로 감정이나 기분과 같은 정서이다. 우리가 잘 잊지 못하는 일들이나 기억들이 오래 가는 이유는 바로 그 일이나 기억 속에 내가 느꼈던 정서가 함께 녹아있기 때문이다. 그러므로 인간의 행동과 직접적으로 연결되어 있는 것은 지식이 아니라 바로 정서라고 볼 수 있다.

자녀가 예절바른 행동을 하길 바란다면 예절과 관련되어 있는 감정과 기분을 알게 해주는 것이 효율적이다. 행동과 관련되어 있는 감정이나 기분에 대한 지식과 경험이 풍부해지는 것은 바로 정서 능력 중 '정서 지식의 이해 능력'이 발달하는 것이다. 그러므로 정서 능력이 발달할수록 예절을 갖춘 사람이 되는 것은 자명하다.

일폭십한과 정서 지능

일폭십한(一曝十寒)이라는 고사성어가 있다. 이 고사성어는 『맹자』의 상편에 나오는 말로서 그대로 풀이하자면 한 번 덥고 열 번 추운 것을 말한다. 그 속뜻을 들여다보면 하다가 말다가 한다는 뜻으로, 공부나 일에 있어서 끈기 있게 꾸준히 못하고 자주 그만두는 것을 빗대어 하는 말이다.

필자는 학교에서 학생들을 가르치고 있어서 그런지 학생들에게서 일폭십한의 모습을 자주 보게 된다. 새로운 학기가 시작되면 학생들은 새로운 각오를 다진다. 지난 학기의 성적을 만회하려고 하거나, 보다 많은 책을 읽어서 학문의 폭을 넓혀보겠다는 결심 등을 세운다. 그런 마음가짐을 갖고 있어서인지 벌써 눈빛이 다르다. 눈에 총기가 생기고 힘이 들어가 있다. 강의 한 마디라도 놓치지 않으려는 듯 열심히 경청하고 필기를 한다.

그러나 한 주, 두 주, 한 달……. 시간이 흐를수록 총기 어린 눈빛과 학기 초의 각오로 수업에 임하는 학생은 점점 그 수가 줄어든다. 강의를 빠지는 학생 수도 학기 초에 비해 늘어난다.

이 때쯤이면 필자도 학생들의 모습에 답답함을 느끼고 강의 시간에 학생들에게 잔소리를 하게 된다.

"학기 초에는 열심히 하더니, 이래서야 되겠는가?"

그러면 다시 강의에 열심히 집중하려는 학생이 생기지만, 끝까지 그 결심을 유지하는 학생은 얼마 되지 않는다.

새로운 해를 맞이하거나 어떤 계기가 생기면 사람들은 여러 가지 각오와 계획을 세운다. "올해는 무슨 일이 있어도 담배를 끊으리라.", "올해는 무슨 일이 있어도 성적을 올리겠다.", "이번에는 무슨 일이 있어도 가족들과 일주일에 이틀은 함께 보내겠다." 등등. 이런 계획들은 자신들이 평소에 잘 해내지 못하는 일인지라 이번에는 무슨 일이 있어도 해내겠다는 의지에서 비롯된 것들이다. 그러나 이런 결심도 한 달 정도 지나면 희미하게 잊혀져서 어슬렁어슬렁 계획과는 거리가 먼 생활을 하게 된다. 그러다가 누군가 자신의 행동을 나무라거나 반성하게 될 기회가 생기면 다시 마음을 다잡지만 역시 그 결심은 며칠이 지나면 잊혀지고 만다.

이러한 행동의 양상은 다이어트를 하는 사람에게서도 쉽게 볼 수 있다. 다이어트를 하겠다고 굳게 결심하고는 운동을 하루에 몇 시간씩 하고, 음식의 양은 반으로 줄이는 등 아주 거창한 계획을 세운다. 그리고 며칠은 정말 치열하게 다이어트를 하는데, 회식 자리가 생기거나 좋아하는 야식을 눈앞에 두고는 결심을 잊고 마구 먹어버려서 그동안의 노력이 허사가 되는 것이다. 그러다가 어느 날 거울에 비친 자신의 모습을 보고는 다시 다이어트를 결심하고 또 며칠을 치열하게 하다가 다시 그만두는 절차가 되풀이된다.

우리는 살아가면서 수많은 결심과 계획을 하게 된다. 그 결심과 계획들은 자신에게 진정으로 소중하고 꼭 해내고 싶다는 열망 때문에 세우는 것들이다. 그러나 조금 잘 되는가 싶으면 곧 느슨해져서 결심과 계획을 세우기 이전 상태로 돌아간다. 그러다가 자극을 받으면 다시 열심히 사는 과정이 되풀이된다. 중요한 것은 무엇이든지 꾸준히 하는 것임을 누구나 잘 알고 있다. 그것이 공부든 일이든 간에 몰아서 하는 것이 아니라 하루도 거르지 않고 하는 것이 중요하다. 이것이 바로 자기 통제이다. 누군가 자신에게 말하지 않아도, 하기 싫은 마음이 들어도 자신의 기분과 감정을 조절하고 통제해서 뜻하는 바를 이룰 수 있게 해주는 것이다.

이는 바로 정서 능력, 이른바 정서조절 능력과 관련이 깊다. 당장의 유혹이나 게으름을 이겨낼 수 있는 능력인 정서 능력 말이다. 정서 능력이 높은 사람에게 일폭십한이라는 말은 공허한 말이다.

이 능력은 역시 어릴 때부터 연습과 훈련을 통해서 길러진다. 하기 싫은 마음, 도중에 그만두고 싶은 마음을 이겨내고 끝까지 해내도록 이끌어주는 능력은 얼마든지 길러줄 수 있다. "너는 과학자가 되고 싶다고 했잖니? 과학자가 될 사람이 이렇게 작은 일도 끝까지 못 해내면 어떻게 큰 일을 할 수 있겠니?"라는 작은 충고는 큰 꾸지람보다 효과가 있다.

자기 통제나 정서조절 능력을 발달시키고 유지할 수 있는 방법은 자녀의 말을 되새김질해주고 상기해주는 데 있다. 부모는 결심과 계획을 잊지 않도록 자녀에게 알려주는 것으로 충분하다. 그런 가정에서 일폭십한의 길을 걷는 자녀의 모습은 찾아보기 드물 것이다.

Tip

- 자녀의 정서 지능을 높일 수 있는 덕목을 항상 기억하라.
- 한 번 계획한 일에 대해서는 도중에 그만두고 싶은 마음을 이겨내고 끝까지 해내도록 이끌어라.

행복 지수는 정서 지능 지수와 비례한다

심리학자 프로이트는 "사랑하는 것과 일하는 것은 인간의 완전한 성숙을 특징짓는 두 가지 능력이다."라고 말했다.

필자는 완전한 성숙을 이룬 인간으로서의 이 두 가지 능력이 동시에 발현되는 곳이 바로 남녀 간의 결혼생활이 아닐까 생각한다.

결혼은 독립된 두 인격체가 만나 그동안 배우고 학습한 모든 능력을 상호 교환하면서 새로운 가정 문화를 만들어가는 과정의 시작이자 끝이다.

한동안은 결혼 제도 자체에 대해서 의문을 제기하던 시대적 흐름도 없지 않았다. 그러나 결혼이야말로 인류의 역사가 시작된 이래 가장 안정적이고 효율적인 제도라는 것이 일반적인 사회 인식이다. 오늘날 세계 곳곳에서 가정 회복 운동이 일고 있는 것도 그러한 사회 인식의 결과일 것이다.

또한 결혼은 최소 단위의 사회를 이룸과 동시에 그 사회에 소속된다는 것을 의미한다. 그 소속 동기가 두 사람의 사랑이었던 만큼 정작 결혼생활이야말로 높은 정서 지능이 필요하다고 하겠다. 연애 감정의 동기화를 거쳐 낙관성, 감정이입 능력, 상대방에 대한 배려, 대인관계 기술, 자기조절 능력 등이 모두 활성화되어야 성공적인 결혼생활을 이룰 수 있기 때문이다.

결혼생활에서 부부가 모두 정서 지능이 낮다면 어떤 사태가 발생할까?

한때 우리나라에서는 늘어나는 이혼으로 인해 가정의 붕괴 위기가 있었던 때도 있었다. 1990년의 경우 20대의 이혼률은 67퍼센트로 부부 10쌍 중 3쌍만이 결혼생활을 유지했다. 흔히 급변하는 사회 속에서 가치관의 다양화에 따른 정서의 혼란이 낳은 결과라고 전문가들은 분석하곤 했다. 하지만 부부 각자의 정서 지능 지수가 낮은 데서 오는 문제라는 것도 배재할 수 없다. 정서 지능 지수야말로 결혼생활을 지속시키는 근원적인 힘이기 때문이다.

아무리 친밀한 부부 사이일지라도 불만이나 의견의 불일치는 있을 수 있다. 다만 그 불만이나 의견의 불일치를 어떤 정서표현으로 해결하고 의견의 조정을 이루어내느냐가 중요하다. 생활에서 일어나는 특정한 문제 자체가 결혼을 깨뜨리는 것은 아니다. 문제는 부부가 그 문제를 어떻게 의논하고 해결하는가이다. 부부 모두에게 또는 어느 한 쪽이 정서적 지능에 결함이 있게 되면 결국 부부 관계는 깨지게 되거나 불화의 씨는 계속 남아 있는 것이다.

워싱턴대학의 심리학자 존 고트만(John Gottman)은 부부 사이의 정서적 결속력을 세밀하게 분석하여 이혼 가능성을 예측하는 실험을 했다. 그는 부부의 대화를 비디오로 녹화했다. 비디오를 통해 겉으로는 드러나지 않는 부부 간의 정서 상태를 정밀 분석함으로써 이혼 가능성을 예측한 고트만은 3년 이내에 이혼할 가능성을 94퍼센트의 정확도로 예측했다.

예를 들어, 이러한 대화를 나누는 부부들이 있다고 하자.

(아이의 성적표를 받아 든 아버지는 피곤한 상태인데다가 아이의 성적이 좋지 않자 화가 치민다)

남편 : 아니, 애 성적이 왜 이 모양이야?

아내 : 글쎄 말예요. 누구 머릴 닮아서 그런지 모르겠어요.

(아내도 가계부를 적다보니 짜증이 난다)

남편 : 당신 머릴 닮아서 그렇겠지 뭐!

아내 : 뭐예요? 자기 머린 뭐 좋은 줄 아나 봐. 만년 과장인 주제에.

이 때 이들 부부가 대화로 나누어야 할 이야기의 핵심은 '아이의 성적이 나쁜데 어떻게 해야 성적을 올릴 수 있겠느냐'이다. 그러나 안타깝게도 이들은 대인관계 지능이 낮다. 그래서 이야기의 핵심에서 비껴나 그 문제를 대하는 자신들의 감정 상태를 이야기하는 것이다. 이들 부부의 대화는 더 이상 들어볼 것도 없다. 두 사람의 감정 상태는 걷잡을 수 없는 방향으로 치닫게 되어 있다. 그뿐 아니라 해결해야 할 아이의 성적은 더욱 나빠질 수밖에 없게 된다. 이러한 대화 방식은 문제 해결에 아무런 도움이 되지 않는다.

고트만의 분석에 따르면 이혼 가능성이 높은 부부일수록 특정 문제 자체에 대한 불평을 이야기하는 것이 아니었다. 이들은 배우자에 대해 유치한 수준의 비판이나 인신공격을 한다고 한다. 행위에 대한 공격이 아니라 그 사람의 인격에 대한 공격인 것이다. 이러한 공격은 서로에게 커다란 감정적 충격과 상처를 남긴다.

불평과 인신공격과의 차이는 간단하다. 불평은 자신이 왜 무엇 때문에 기분 나빠하는지를 밝히고, 상대방이 기분 나쁘게 한 그 행동에 대해 비판하는 것이다. 그러나 인신공격은 다르다. 자신을 기분 나쁘게 한 행동을 계기로 상대방의 인격과 삶 전체를 비판하다. 이러한 인신공격이 파괴적인 정서인 경멸이나 혐오감을 수반하면 결혼생활은 파탄으로 이어지게 된다. 서로가 통제 범위를 벗어난 감정 상태에 빠지게 되면 상대방의 말을 왜곡해서 듣게 되고 이성적으로 대응할 수 없게 되기 때문이다.

이처럼 정서 지능은 결혼생활에서 매우 중요하다. 바람직한 부부는 한 가지 문제에 대해 처음부터 각자의 견해를 표현한다. 서로의 견해를 나누고 조정함으로써 부부 간의 긴장을 줄여나간다.

결혼생활을 화목하게 유지하기 위해서는 부부 서로가 각자의 정서 지능을 계발할 필요가 있다. 여기에는 침착함, 감정이입, 대화기술 등이 있어야 한다. 부정적인 정서 상태에서는 문제의 긍정적 해결이 불가능하다.

남편이나 아내나 각기 사회생활을 하다 보면 뜻하지 않은 불쾌한 일을 겪기도 한다. 이 때는 서로가 자신의 감정을 앞세우지 말고 상대에 대해 적당한 배려를 하는 것이 좋다. 부부의 감정 읽기가 제대로 되지 않으면, 스스로 자신의 감정을 상대에게 전달해주는 방법을 활용할 수 있다.

"오늘 밖에서 나쁜 일이 있었는데, 내 기분이 여지껏 풀리지 않는군."

이런 식으로 남편은 아내가 자신의 기분을 쉽게 읽을 수 있도록 도와주는 것이다. 우리는 말로 표현해주지 않으면 쉽게 상대의 감정을 읽지 못하는 사람들을 간간이 만나게 된다. 그것은 부부 사이에도 마찬가지로 적용된다. 그런데 자신의 감정을 읽어주지 않는다는 이유로 한때는 사랑해서 결혼한 남편과 이혼할 수는 없지 않겠는가. 그러므로 스스로 자신의 감정을 상대에게 일러줌으로써 쉽게 이해하고 배려할 수 있도록 도와주는 것이 현명한 행동이다.

어느 부부는 사전에 이런 약속을 했다고 한다. 밖에서 기분 나쁜 일이 있었을 경우 남편은 넥타이를 약간 풀고 들어오고, 집안에서 속상한 일이 있었을 경우 아내는 앞치마를 뒤집어 두르기로 했다. 어느 날 현관문을 열고 들어서는 남편의 넥타이가 약간 풀어진 채였다. 그런데 아내도 그날따라 앞치마를 뒤집어 두르고 있는 것이 아닌가. 그날 그들은 각자의 기분을 양보하고 상대방을 위로해주었다. 이 약속으로 그들은 서로의 기분 상태를 미리 알고 상대를 배려함으로써 서로에게 위로가 되고 결국 각자에게 있었던 기분 나쁜 일들에 대해 잊어버릴 수 있었다. 이런 부부가 화목하게 가정을 꾸려갈 수 있는 것은 매우 당연한 결과가 아닌가. 이러한 정서표현은 연습에 의해 얼마든지 가능하다. 그리고 무엇보다도 자녀들에게 좋은 교육적 효과를 가져다준다.

Tip

- 결혼생활을 화목하게 유지하기 위해서는 부부 서로가 각자의 정서 지능을 계발할 필요가 있다. 침착함, 감정이입, 대화기술 등이 있어야 한다. 부정적인 정서 상태에서는 문제의 긍정적 해결이 불가능하다.

- 남편이나 아내나 각자 사회생활을 하다보면 뜻하지 않은 불쾌한 일을 겪기도 한다. 이 때는 서로가 자신의 감정을 앞세우지 말고 상대에 대한 배려를 먼저 하도록 한다.

- 스스로 자신의 감정을 상대에게 일러 줌으로써 쉽게 이해하고 배려 할 수 있도록 도와 주는 것이 현명한 행동이다.

세 살 정서가 여든까지 간다

생후 2개월 된 한 아기가 새벽 3시에 깨어 울어댄다. 어머니는 즉시 아기를 팔에 안고 애정어린 눈빛으로 바라보며 젖을 먹인다. 아기는 어머니의 정성과 사랑에 만족하며 다시 새근새근 잠이 든다.

자, 이제는 똑같이 생후 2개월 된 다른 아기의 이야기다. 이 아기도 새벽에 깨어나 울어댄다. 그러나 이 아기의 어머니는 성급하고 흥분을 잘 하는 성격이다. 게다가 한 시간 전에 남편과 싸우고 막 잠이 든 상태였다. 이 아기의 어머니는 "자, 조용히 해, 난 지금 너무 지쳐 있단 말이야. 어서 뚝, 그쳐!"라고 말하며 퉁명스럽게 아기를 안아든다. 순간 아기는 긴장한다. 아기의 어머니는 아기에게 젖을 물리고는 아기를 보는 것이 아니라 멍하니 벽을 보다가, 남편과 싸운 것이 생각나자 다시 화가 치민다. 아기는 어머니가 긴장하고 뻣뻣해지는 것을 느끼고는 젖 먹던 것을 멈춘다. "다 먹었니? 그래, 그만 먹어라."라고 아기 어머니는 말한다. 아기 어머니는 퉁명스럽게 아기를 다시 요람에 내려놓고는 아기가 울다 지쳐서 잠이 들 때까지 내버려둔다.

이 두 가지의 예화는 정서 능력의 기초가 어떻게 형성되는가를 보여주는 것으로, 대니얼 골먼이 저술한 『정서 지능』에 제시된 사례이다.

정서 지능 교육은 언제부터 해야 할까, 가장 적절한 시기는 언제일까 하고 궁금해하는 부모들이 많다. 그러나 정서 능력과 인지 능력의 발달은 부모의 양육 태도, 특히 양육 책임자인 어머니의 정서 지능과 밀착되어 있기 때문에 그 대답은 쉽지 않다.

최근 심리학에서는 갓 출산한 신생아도 주위의 모든 자극을 그대로 흡수한다는 사실이 밝혀졌다. 즉 아기는 태어나는 순간부터 자신에게 주어진 환경에 예민하게 반응한다는 것이다.

정서 지능의 기초가 폭발적으로 형성되는 첫 번째 시기는 생후 초기인 0세부터 3세까지라는 것이 일반화된 이론이다. 또한 생후 3년에서 4년까지는 뇌 크기의 3분의 2가 자라는 시기이다. 이 시기에 대부분의 정서 기초 학습이 이루어지는데, 이 때 아이가 심한 스트레스를 받게 되면 뇌의 정서 학습 중추가 손상을 입는다. 물론 이것은 나중에 새로운 정서 학습 경험에 의해 어느 정도 치유가 가능하지만, 생의 초기 학습이 미치는 영향은 매우 크다.

갓 태어난 신생아는 누군가에 의해 보살핌을 받지 않으면 살아갈 수가 없기 때문에 엄마와 밀착된 관계를 형성할 수밖에 없다. 가장 많은 보살핌을 쏟는 사람은 엄마가 되며, 엄마가 어떤 양육 태도를 가졌느냐에 따라 자녀의 정서 능력은 판가름이 난다. 정서 지능은 영유아기부터 발달하기 시작하기 때문이다.

영아기에는 배고플 때 모유를 공급하는 일, 춥거나 덥지 않도록 옷을 잘 입히는 일, 적절한 수면, 안아 주고 얼러주기, 신체적인 움직임, 기저귀 갈아주기 등을 일관된 사랑으로 세심하게 배려해야 한다. 양육자의 세심한 보살핌에 따라 영아는 기본적인 신뢰감과 안심감, 그리고 좋은 자아개념을 익히게 된다.

영아는 자신을 돌보아주는 양육자와 되풀이하여 접촉하는 동안 양육자에 대해 강한 애착을 느끼게 된다. 이 애착관계는 아기의 정서 지능 형성에 매우 중요하다.

일단 아기가 어머니와 애착을 이룬 다음인 만 2세, 3세 때는 일관된 애정에 의한 적절한 훈육이 필요하다. 이처럼 0세~3세 사이의 기간 동안 아기는 양육자와 1대 1의 즐거운 애정 관계를 가져야만 성장하면서 정상적인 정서활동을 해나갈 수 있다.

이 영아기에 어머니로부터 '즐겁고 행복한 생활'을 나누지 못하면 아이는 정서 지능 발달이 결정적으로 저해되며 그 영향은 사춘기 이후까지 계속된다.

이러한 애착 관계를 모델로 하여 영아는 생에 대한 기본적인 윤곽을 습득하게 되고 정서적 태도의 틀을 갖게 된다. 즉 기본적인 신뢰와 행복감을 느끼는 낙관적 태도를 지니거나, 아니면 불신과 좌절감을 느끼는 비관적 태도를 갖게 된다. 즉 부모와의 애착 관계는 그 아이가 어떤 자아 개념과 정서성을 갖게 되는가를 결정할 만큼 아이 인생에 큰 영향을 미친다.

그렇다면 어머니의 양육 태도가 어떻게 아기의 정서 학습으로 이어지는 것일까.

예를 들어보자. 아기가 배고파할 때 젖을 주지 않으면 아기는 울음으로 자신의 의사를 나타낸다. 그러나 아기가 울고 있음에도 불구하고 계속 젖을 주지 않는다면 아기의 울음소리는 더 커지게 된다. 그리고 시간이 갈수록 울음소리는 분노의 음조를 띤다. 마침내 아기는 우는 것으로는 자기의 요구를 채우기 위한 어머니의 관심을 끌 수 없음을 깨닫게 된다. 아기는 계속 화를 내든지 아니면 무기력하고 냉담해져서 자신의 의사표현을 포기해버린다. 어떤 쪽이든 아기는 근본적인 불신과 좌절감을 익히게 된다. 이렇게 반복하여 익히게 된 긴장, 불안, 공포는 정서 지능 발달을 방해한다.

이와는 달리 심리적 안정과 안심감은 정서 지능 발달을 돕는다. 아기가 어머니에게 애착을 느끼게 되면 쾌감과 안심감의 호르몬인 '도파민'이 분비된다. 아기는 그런 쾌감과 안심감에 의해 애착 대상이 항상 곁에 있어 주기를 바라게 된다. 애착 대상이 시야에서 사라지면 아이는 공황 상태에 빠지면서 울어댄다. 그런 때면 공포의 호르몬인 '아드레날린'이 분비된다.

애착 대상은 그 아이에게는 정서의 의지처인 동시에 쾌감과 안심감의 공급처이기도 하다. 아이들 초기의 심리적 안정은 이같이 어머니와의 친밀한 접촉 관계를 통해서 이루어진다. 아이들의 정서 학습 발달은 이러한 정서적 안정이 충족되어야 제대로 이루어질 수 있다.

생후 1년 동안의 영아기를 거쳐 사회성이 발달하기 시작하는 3세까지 아이가 겪는 체험의 하나하나는 두뇌의 정서 회로에 새겨진다. 이러한 것들이 모두 아이의 정서와 지능, 가치관의 형성에 기초가 되어주는 것이다.

영아들은 애착을 느끼는 양육자에게 강한 관심을 갖는 동시에 그 행동을 본뜨려 한다. 이른바 동일시하려는 것이다. 동일시 본능에 의해 어머니와 똑같은 사회적 습관과 문화적 가치를 가지려는 태도가 생긴다. 이것 또한 아이들의 그 후의 정서 학습에 기초가 된다.

이러한 아동의 학습 행동은 3분의 2 이상이 아이 자신의 관찰에 의해 습득된다. 말로 표현하기 훨씬 이전부터 유아들은 주위 사람들의 몸짓, 말하는 태도, 냄새, 맛, 소리, 생각, 습관 등을 그대로 학습하게 되는 것이다.

정서적 학습은 생의 초기에서부터 시작되며 아동기 동안 계속된다. 양육자는 이처럼 그의 삶의 모든 태도에 있어서 아이의 첫 스승이다. 때문에 어머니와의 관계가 시작되는 때부터가 정서교육이 시작되는 때라고 할 것이다.

이 경우와는 반대로 아이의 의사표현에 대해 아무런 반응이 일어나지 않고 그러한 경우가 계속 반복되면 아이에게는 이른바 학습된 무기력이 생겨난다. 그 결과로 아이는 적극적인 정서 활동을 하지 않게 되며 언제나 비관적인 마음을 갖게 된다.

유아는 말이 서툴기 때문에 몸짓이나 표정으로 자기 의사를 표현한다. 아이의 그와 같은 신호에 대해 엄마는 즉각즉각 정확하게 반응해 주어야 한다. 그 신호를 보고도 모른 체하는 것은 정서교육상 여러 모로 해롭다. 아이의 신호에 대해 반응하지 않거나 엉뚱하게 반응하는 일이 쌓이면 그것이 고착되어 아이는 성장하면서 사회부적응 행동을 나타낸다.

올바르게 형성된 정서 지능의 틀에 의해 아이는 사람을 신뢰하고 기분을 항상 명랑하게 가지며 심신 상태가 안정된다. 또한 남의 호의를 순수하게 받아들이며 어려운 일이 일어나도 결코 희망을 잃지 않고 사물을 긍정적으로 받아들일 수 있는 능력이 발달된다.

부모와의 관계가 시작된 0세에서 3세에 가까울수록 아이의 학습 행위에 정확하게 응답하고 올바로 반응해주는 어머니의 배려가 필요한 것은 모두 이런 이유들 때문이다.

Tip

- 영아기에 어머니로부터 '즐겁고 행복한 생활' 을 나누지 못하면 아이는 정서 지능 발달이 결정적으로 저해되고 그 영향은 사춘기 이후까지 계속된다.
- 애착 관계를 모델로 하여 영아는 생에 대한 기본적인 윤곽을 습득하게 되고 두 가지 가운데 하나인 정서인지의 틀을 갖게 된다. 즉 기본적인 신뢰와 행복감을 느끼는 낙관적 태도를 갖던가 아니면 불신과 좌절감을 느끼는 비관적 태도를 갖게 된다.
- 양육자는 삶의 모든 태도에 있어서 아이의 첫 스승이다. 때문에 어머니와의 관계가 시작되는 때부터가 정서교육이 시작되는 때라고 할 것이다.

가정으로 돌아가라

지금 세계 곳곳에서는 '가정으로 돌아가자'는 가정복귀 운동이 일고 있다. 남편도 출산 휴가 또는 육아 휴가를 내어 가정생활에 적극적으로 참여하는 사람들이 늘고 있는 추세이다.

이는 삶의 질의 문제를 회복하자는 운동과 무관하지 않다. 가정은 모든 문제의 집결지이자 해결처이기 때문이다. 정서 지능이 가장 효과적으로 훈련되고 학습되는 곳도 바로 가정이다.

가족 속에서 우리는 자신의 역할과 관점을 배우게 되며 공동체 생활의 기초 훈련을 쌓게 된다. 또한 자신의 해야 할 것과 하지 말아야 할 것의 도덕적 가치 판단을 구체적으로 배우게 된다.

가정 안에서의 정서교육은 부모가 아동에게 직접 가르치고 행동하도록 지시하는 것에서만 이루어지는 것이 아니다. 부모 스스로의 감정조절 방법과 가족 간의 역할 관계를 얼마나 아름답게 갖느냐 하는 모델링을 통해서도 일어난다.

필자도 어린 시절을 되돌아보면 정서교육에 있어 부모님의 영향을 크게 느끼게 된다. 지금 생각해보면 아버지와 어머니는 확연히 구분되는 영향력을 행사하셨던 분들로 기억된다. 필자는 어린 시절 그다지 얌전하지 못한 개구쟁이였다. 그런 까닭에 부모님들은 여러 번 속을 썩어야 했다.

어느 해 여름, 장마철이었던 것으로 기억된다. 흙탕물이 무섭게 흐르는 개울에서 수영을 하다가 콘크리트 구조물에서 삐죽 나온 철근에 찔려 다리에 큰 부상을 입은 적이 있었다.

이런 경우에도 아버지와 어머니의 태도와 가르침이 달랐던 것을 필자는 지금도 기억한다. 어머니의 애정은 배려, 근심, 염려 그리고 언제나 가까이 계시다는 안심감이었다. 그러나 아버지의 애정은 이유, 판단, 미래 그리고 가치기준이었다. 어머니가 나의 아픔에 대한 동정과 치료에 국한된 정성스런 관심을 보여주시는 것과는 달리, 아버지는 무엇 때문에 다쳤고 원인을 제거하지 않으면 다른 사람이 또 다치게 되리라는 타인에 대한 배려를 생각하게 하셨다. 그리고는 이웃사람과 더불어 사고가 생길 가능성이 있는 물건을 치우러 나서셨다. 그 사고가 난 다음 날도 다리가 아파서 걷기가 힘들었던 나는 학교에 결석하기를 바랐지만 아버지는 "학교에는 가야 돼."라는 말 한마디로 나의 기대를 떨쳐버리셨다. 그 날부터 아버지는 자전거 뒷자리에 나를 태우고 한 달가량 등하교를 시켜주셨다.

나는 어머니를 통해서 위로와 동정, 그리고 편안함을 얻었다. 무슨 일에서건 내 편이 되어주셨던 어머니로부터 나는 자신감과 긍정적 자아감을 얻었다. 아버지를 통해서는 하기 싫어도 해야 될 일과 하고 싶어도 하지 말아야 할 일이 있으며, 그것을 판단하는 일이 중요하다는 것을 배웠다.

아울러 아버지는 내게 과거와 현재, 그리고 미래를 내다보게 하는 창이기도 하셨다.

당시 우리 집은 변변한 장롱 하나 없이 궤짝 살림을 하고 있었다. 아버지께서 북쪽 만주에 부모와 형제를 두고 월남하셨기 때문에 한사코 살림 장만을 거부하셨던 것이다. 큰 장롱 하나 사자는 어머니의 요청을 "그건 안 돼. 부모님께 죄스러워서 안 돼." 하고 단호히 거부하셨다. 딱 잘라 거절하시는 말씀 속에서 나는 아버지의 마음을 읽었고, 우리 집안의 과거와 현재, 그리고 미래를 바라볼 수가 있었다.

지금은 필자도 아이를 둔 아버지 입장에 서 있다. 우리 아이에게 내가 어떤 아버지상으로 비쳐가고 있을지 자못 궁금하다. 좋은 아버지의 역할을 하기에는 너무나 바쁜 생활을 하고 있기 때문이다. 나뿐만이 아니라 요즘 우리나라 아버지들의 가장 큰 고민은 "가족과 함께 지낼 시간이 없다."는 것이라고 한다.

그러나 우리가 잊지 말아야 할 사실이 있다. 아이가 아버지, 어머니를 필요로 할 때 가족과 함께 지낸 몇 시간은 후에 아이를 위해 보내게 될 몇 년의 시간과 맞바꿀 정도의 정서 학습 효과가 있다는 점이다. 삶의 질을 찾고 있는 우리나라 국민도 이젠 온 가족의 정서 학습터인 가정으로 돌아가야 한다. 수신제가치국평천하(修身齊家治國平天下)라고 하지 않았는가.

Tip

- 가족 속에서 우리는 자신의 역할을 배우게 되며 공동체 생활의 기초훈련을 쌓게 된다. 또한 자신이 해야 할 것과 하지 말아야 할 것의 가치 판단을 구체적으로 배우게 된다.

열린 학교 교육은 정서 지능 교육에 있다

얼마 전 텔레비전에서 방영한 부산 모 고등학교 학생들의 봉사활동은 오랜만에 보는 가슴이 환해지는 광경이었다. 방학을 이용해 서울에 올라온 학생들은 일주일을 은평구의 한 재활원에서 숙식하며 정신지체 부자유자들을 돌보았다. 새벽녘에 일찌감치 일어나 청소하고, 설거지하고, 혼자 식사를 못하는 원생들에게 음식을 떠먹여주고, 빨래를 하는 등 이들은 밤늦게까지 거의 쉴 새 없이 일했다. 땀 흘리는 봉사를 열심히 했다.

학생들은 그 체험을 통해 여러 가지를 새롭게 깨닫게 되었다고 했다. 힘들지 않느냐는 질문에 오히려 보람을 느낀다는 학생들의 말이 거짓 없이 표정에서 드러났다.

인성 교육의 한 방법으로 실시된 봉사활동이 아이들의 맑은 정서를 회복시키는 것 같아 오랜만에 큰 감동을 받았다. 마치 오염되었던 강물이 환경운동에 의해 맑은 물줄기를 되찾은 것을 볼 때의 느낌이었다고 해도 지나친 표현은 아닐 것이다.

가정에서의 정서교육을 제외하면 학교야말로 아이들 정서 학습의 최선의 교육장이다. 각 교과목에 전문 지식을 갖춘 교사, 공감대를 형성하고 있는 동년배의 학습 또래, 그리고 아이들의 발달 과정에 따른 적절한 교육 체제를 갖추고 있는 곳이 바로 학교이기 때문이다.

그러나 학교는 그러한 자기 몫을 온전히 감당해내지 못하고 있는 것 같다. 이러한 사실을 전적으로 보여주는 것이 요즘 들어 부쩍 사회문제로 대두되고 있는 현상들이다. 학생을 자살로 몰고가는 학내 폭력과 집단 따돌림, 초·중학생의 성폭행, 오토바이 폭주족, 강도, 절도, 폭력 서클 등 도무지 이해할 수 없는 사건들이 꼬리를 물고 이어진다. 그렇다면 이렇듯 복잡하게 얽힌 학원 문제의 실타래를 어디서부터 풀어나가야 할까?

국민들은 너나없이 치열한 입시경쟁 교육의 정책만을 탓하고, 가정교육의 부재를 탓하고, 사회의 무질서를 탓한다. 그러나 서로를 탓한다고 올바른 해결 방법이 나오는 것은 아니다. 서로 머리를 맞대고 그 해결점을 찾아야 한다.

산업사회의 폐해를 먼저 겪고 있는 미국은 이러한 문제의 예방책으로서 학교 교육 과정에 정서교육 프로그램을 두고 있다. 이 정서교육 프로그램은 일부 학년에게는 독립된 교육 과목으로 나누어져 있다. 그러나 나머지 학년에서는 읽기나 체육, 수학 과목 등에 포함하여 실시하고 있다.

미국 초등학교에서 실시하고 있는 정서교육 프로그램의 한 예를 들어 보자. 1학년 읽기 수업에는 '개구리와 두꺼비'라는 이야기가 나온다. 이 이야기는 겨울잠을 자고 있는 친구 두꺼비와 놀고 싶어 안달이 난 개구리가 두꺼비를 일찍 깨우기 위해 속임수를 쓴다는 내용이다. 이 내용을 가지고 학급 토론을 한다.

우정에 대해서와 남에게 속임수를 당할 때의 느낌에 대해 서로 의견을 교환한다. 모험의 연속인 이야기들을 통해 자아 인식과 고통 받는 친구를 도와줘야 한다는 깨달음, 친구와의 감정 공유 등을 배운다. 학년이 올라가면 공감이나 역할 채택, 상대방에 대한 배려 등을 익히게 한다. 또한 비행을 저지른 학생에게는 그 아이에게 부족한 기술인 충동 통제, 감정 설명, 갈등 해결 방법을 익히게 한다.

이러한 정서교육은 부모들을 대상으로 그들 자녀의 정서 학습 교사가 되도록 지도하는 가정 방문 프로그램을 수반하기도 한다. 아동의 학교 수업에 대한 준비는 이러한 정서 지능이 안정되어야 뛰어난 효과를 거둘 수 있기 때문이다. 정서교육이 잘 이행되면 장기적인 정서적, 사회적 효과로 나타난다. 즉 이 과정을 거친 아동들은 마약, 폭력문제에 빠져드는 경우가 적다. 훌륭한 결혼생활을 하며 사회적인 성공도 훨씬 많다고 한다.

초등학교와 중학교 시기는 아동의 사회 적응을 학습하는 가장 중요한 시기이다. 아니 결정적인 시기라 해도 과언이 아니다.

학교생활을 통해 아동은 청소년기와 그 이후의 생활에 가장 크게 영향을 받는 경험을 쌓게 된다. 아동의 자기 가치에 대한 감각은 이 때 학교에서 획득하는 성취감 여하에 달려 있다. 학교에서 실패하는 아동은 삶 전체를 통해 자기 패배적인 태도를 갖는다.

미국의 정신과 의사인 햄버그 박사는 다음과 같이 말했다.

"만족을 지연시키고 적절한 방법으로 사회적 반응을 하며 자신의 정서를 유지하고 낙관적인 견해를 갖는 능력, 즉 정서 지능이 학교생활에서 얻게 되는 가장 근본적인 수확이다."

미국 보스톤의 한 초등학교에서 진행되고 있는 정서 지능 교육과정을 소개해보도록 하겠다. 1학년생 아동은 자아 인식, 대인관계, 결정 내리기에 관한 기본적 정서 수업을 받는다. 동료 의식이 중요해지는 4, 5학년이 되면 학생들은 우정 관계에 더 잘 적응할 수 있도록 학습하는 수업을 받는다. 수업 내용은 감정이입이나 충동 통제, 분노 관리 등에 관한 것이다. 충동 통제를 돕는 프로그램의 하나로 6단계로 된 '정지등(Stop light)' 프로그램이 있다.

예를 들어, 한 아이가 놀림을 받아 화를 막 내려고 하거나 눈물을 쏟기 일보 직전이라고 하자. 이 때 이 정지등은 단계적으로 작동된다.

1단계 : 빨간등 – 정지하라, 진정하라 그리고 행동하기 전에 생각하라

2단계 : 노란등 – 문제와 네가 느끼는 감정을 말하라

3단계 : 노란등 – 긍정적인 목표를 세우라

4단계 : 노란등 – 많은 해결책에 대해 생각해보라

5단계 : 노란등 – 결론에 대해 계속 생각하라

6단계 : 녹색등 – 계속 생각하면서 가장 좋은 계획을 시도하라

이러한 구체적인 방법으로 감정의 관리뿐 아니라, 감정표현의 효과적인 행동 양식을 가르친다. 불규칙한 정서적 충동을 다루는 이러한 방법들은 청소년기 이후의 정서 지능 향상에 상당한 도움을 준다.

폭력과 같은 특정 문제를 해결하기 위한 프로그램도 있다. 그중의 하나가 '창의적 갈등 해소 프로그램'이다. 이 프로그램은 학생들에게 수동적인 태도나 폭력과 같은 공격적인 태도 이외에도 갈등을 다룰 수 있는 다양한 방법이 있다는 것을 제시한다. 그럼으로써 아이들은 폭력을 사용하지 않고도 자신의 권리를 내세울 수 있는 여러 가지 방법을 배우게 된다.

학생들은 다음과 같은 상황의 실험 과정을 훈련한다.

형이 숙제를 하고 있는데 막내동생이 들어와 시끄러운 유행가를 크게 틀었다. 화가 난 형은 동생의 저항에도 아랑곳하지 않고 다짜고짜 그 음악을 꺼버린다.

학급 아이들은 세 명씩 팀을 나눠 두 형제를 모두 만족시킬 수 있는 문제 해결 방법을 토론한다. 중재자는 먼저 상반된 이해관계에 있는 두 사람 모두 '중재자는 공평하다'는 사실을 느낄 수 있게끔 말을 전개해나가는 방식을 배운다.

진행 순서는 다음과 같다.

1) 중재자는 관련된 두 사람 사이에 끼어들거나 모욕하지 않으면서 상대방의 이야기를 듣는다.
2) 중재자는 두 사람 모두의 감정을 진정시키고 각자의 입장을 말하도록 한다.

3) 각자가 들은 것을 바꿔 말하도록 하여 상대방의 말을 잘 들었다는 것을 분명히 한다.
4) 두 사람에게 모두 좋은 해결책에 대해 토론한다.
5) 해결 방법을 적은 동의서에 각자 서명한다.

학생들은 대부분 이 프로그램을 거친 후 긍정적인 사고방식을 갖게 되었다고 한다. 중요한 것은 문제를 해결하는 데 있지 감정을 터트리는 데 있지 않다. 그런데 대부분 형제나 친구들의 말다툼은 해결을 보지 못한 채 누구 하나가 울음을 터뜨리거나 한바탕 싸움을 해야 끝이 난다. 그리고는 씩씩거리며 상대방에 대한 미운 감정이 한동안 유지된다. 그저 감정의 낭비만 있을 뿐이다.

이러한 충동 통제 학습을 입학 초기부터 시행하는 것이다. 이 능력이 부족하면 아이들은 배우는 것에 주의를 기울이지 못하고 학습에서 뒤처지게 되기 십상이다. 자아중심적 충동을 참을 수 있는 능력은 사회성에 도움을 준다. 감정이입이나 다른 사람의 입장이 되어 보는 다양한 관점을 알게 되는 것이다.

타인의 입장에서 사물을 보는 감정이입은 상대방에 대한 배려심, 이타주의, 동정심을 이끌어낸다. 또한 편파적인 고정관념을 깨뜨린다. 그리고 인내심과 개인차에 대한 수용력을 길러준다. 이러한 능력은 점차 다원화되는 우리 사회에 꼭 필요하다. 사람들이 상호존중으로 함께 더불어 살아가게 하는 원동력이기 때문이다. 이러한 것들은 민주주의의 기본적 자질이기도 하다.

종종 신문에 게재되는 학생들의 폭력 행동은 청소년들이 이러한 기본적인 정서 능력이 매우 낮다는 것을 보여주는 사례들이다. 그것은 어른들이 아이들에게 화를 자제하고 자신의 갈등을 긍정적으로 해결하는 방법을 확실하게 가르치지 못했기 때문이다. 더불어 감정이입이나 충동성 통제, 그밖의 다른 정서적 능력의 기초를 가르치는 것도 귀찮아 했기 때문이다.

Tip

- 학교야말로 아이들 정서 학습의 최선의 교육장이다. 각 교과목에 전문 지식을 갖춘 교사와, 공감대를 형성하고 있는 동년배의 학습 또래 그리고 아이들의 발달 과정에 따른 적절한 교육 체제를 갖추고 있는 곳이 바로 학교이기 때문이다.
- 학교생활을 통해 아동은 청소년기와 그 이후 생활에 가장 크게 영향을 미치는 경험을 쌓게 된다. 아동의 자기 가치에 대한 감각은 이 때 학교에서 획득하는 성취감 여하에 달려 있다.
- 학생들에게 수동적인 태도나 폭력과 같은 공격적인 태도 이외에도 갈등을 다룰 수 있는 다양한 방법이 있다는 것을 제시해야 한다.
- 자아 중심적 충동을 참을 수 있는 능력은 사회성에 도움을 준다. 감정이입이나 다른 사람의 입장이 되어보는 다양한 관점을 알게 되는 것이다.

기업도 정서 능력자를 원한다

기업들이 신입사원을 채용할 때 실시하는 면접시험의 형태가 다양하게 바뀌었다.

단순한 문답형이었던 것이 '우는 아이가 있다'는 식의 가상적인 상황을 제시해놓고 그 아이를 달래보라든가, 혹은 면접 장소를 호프집으로 옮겨 자연스럽게 평상시의 모습을 관찰하는 면접을 실시하는 등으로 말이다. 기업 나름대로 추구하는 다양한 인재의 형태에 따라 면접 방법을 달리하는 경우가 증가한 것이다. 이는 기업들이 미래의 인재는 단지 뛰어난 업무능력에만 한정된 것이 아니라는 사실을 깨달았기 때문일 것이다. 이와 함께 직장에서, 사회에서 정서 지능의 중요성이 부각되고 있다.

정보전략연구소 윤은기 소장의 말을 빌면, 실제로 회사에서도 머리만 좋은 엘리트보다는 성공적으로 인간관계를 끌어나가는 사람들을 점점 더 요구하는 추세라고 한다.

기업에서 추구하는 인재의 채용 기준도 달라졌다. 이제까지는 학력이나 경력, 성적을 위주로 본 것이 사실이다. 그러나 정말로 중요한 것은 인성과 직업적 가치관, 그리고 적성이다. 그래서 심층 면접을 한다든가 심리 검사나 적성 검사를 통해 그 사람의 가치관이나 적성을 알아보는 방향으로 흐르고 있다. 명문대 나왔다고 자랑하던 시대도 이제 지나갔다.

지금까지는 높은 학식을 지녔다든가 근면성실하면 어느 정도 주어진 업무를 감당할 수 있었다. 그런데 이제는 창의력과 자율성이 있어야만 한다. 단순히 지적 능력이 아닌, 마음으로부터 동기화되어 우러나는 창의력이 필요하다. 그래서 머리도 중요하지만 정서 지능도 중요하다는 애기가 나오는 것이다.

특히 중요한 것이 공동선이라고 말할 수 있는 더불어 함께 살아가는 정신이다. 과거에는 개인 이기주의도 업무효과를 낼 수 있었고 비즈니스 세계에서 살아남기 위해서는 어느 정도의 권모술수는 꼭 필요하다고 생각했었다. 그러나 이제 더 이상 권모술수를 가지고는 세계화를 바라볼 수 없게 되었다. 올바른 품성이야말로 다른 사람들의 도움과 창의력을 이끌어내어 더 큰 성과를 올릴 수가 있는 것이다.

그렇다면 이제 어떤 사람이 사회적으로 성공할 가능성이 높은 것인가. 개인주의 혹은 이기주의로 흐르면 성공이 어렵다. 아무리 실력이 있다고 해도 팀워크가 부족한 사람 역시 앞으로는 성공하기 어렵다. 혼자서도 잘하지만 함께 하면 더 잘하는 사람이어야 하며, 바로 그런 사람이 되도록 자녀를 가르쳐야 한다. 학교나 가정에서 어릴 때부터 악착같이 싸워서 이기라고 가르치기보다는 상대방을 배려하라든가 함께 더불어 발전하는 좋은 방법을 찾을 수 있는 교육 환경을 조성해주고 유도하는 것이 중요하다.

어려서부터 더불어 함께 살아가는 것을 올바른 가치관으로 인식할 수 있도록 부모들이 이끌어주어야 한다. 예전의 산업사회나 개발도상국 시절을 생각하고 우리 아이만 잘하면 된다는 식으로 양육하는 것은 아이의 장래를 망치는 태도라고밖에 볼 수가 없다.

우리나라에도 신입사원 채용에 학력은 필요 없다고 선언한 기업들이 있다. 정서 능력을 기업 경영에 적용하고 있는 셈이다. 앞으로는 훨씬 많은 영역에 적용될 줄로 믿는다. 대부분의 기업들도 회사에 이익을 남기는 사람들에 대한 의미 해석이 달라지고 있다. 예전엔 수단과 방법을 가리지 않고 회사에 손해를 끼치고 소비자를 약간 속이는 경향이 있더라도 자기 회사에 많은 이득을 남기면 유능한 사원이었다. 그런데 요즘 들어 바라보는 관점이 달라졌다. 이에 따라 새로운 가치관이 필요해졌다. 정보화사회가 되고부터 근시안적인 방식이 얼마 못 간다는 사실, 결국 들통이 나고 도리어 회사에 독이 되어 돌아온다는 사실을 깨닫기 시작한 것이다.

회사에 정말로 필요한 사람은 업무 능력도 있으면서 동시에 더불어 사는 능력도 갖춘 사람이다. 이제야 비로소 도덕적이고 남에게 피해를 끼치지 않으며 자기 동료와 잘 어울리는 사람을 채용하는 것이 회사에 이익이며 최선이라는 인식을 갖게 되었다.

대개 회사에는 학력이 좋고 재능이 뛰어난 사람 순서대로 입사하게 된다. 그런데 실제로 회사에 입사해서 승진하는 사람을 보면 입사할 때의 IQ와 학력 순서가 아니다. 회사에서 인간관계가 얼마나 좋으며 장기적인 안목에서 회사에 얼마만큼 도움을 줬느냐에 따라 성공과 출세가 결정된다. 요즘 어느 분야에서나 나타나는 현상이다. 원만한 대인관계 같은 이른바 정서 지수가 높은 사람이 회사에 더 좋은 영향을 미친다는 사실을 지금에 와서야 깨닫기 시작한 것이다.

관리자의 자질을 봐도 그렇다. 실패한 관리자들은 기술적인 능력 부족이라기보다는 '대인관계에서의 결함' 때문에 실패한다고 한다. 그들 중 대부분이 '관계형성 능력이 부족'하거나 '권위주의적인 사람' 또는 '이기적이며 야심이 가득한 사람'이거나 '상부 경영진과 갈등을 가진 사람'으로서 정서 지능에 문제가 있는 것으로 나타났다.

정서 지능의 주요 구성 요소 중 하나인 낙관성을 측정하는 낙관성 검사 결과에 의하면 낙관성 검사의 점수가 낮은 사람인 경우, 즉 비관적인 성향이 강한 사람은 하나의 좌절을 겪게 될 때 그 좌절을 영구적인 것으로 받아들인다. 반면 낙관성 점수가 높은 사람인 경우, 즉 인생에 대해서 낙관적인 견해를 가진 사람은 그 좌절 상황을 일시적인 것이라고 생각하고 인내하며 잘 극복해낸다.

메트로폴리탄 생명보험회사의 경우를 다시 떠올려보자. 이 회사는 80년대 중반 매년 5천 명의 세일즈맨을 채용했는데 1인당 교육비용으로 3만 달러 이상을 들였다. 그러나 교육을 마친 그들은 정작 업무개시 첫 해에 절반 이상이, 그리고 4년 이내에 5분의 4가 회사를 그만두었다. 똑똑하고 뛰어난 능력을 가진 사람들이었지만 영업을 하면서 문전박대를 당하면 쉽게 좌절했기 때문이었다. 보험 세일즈를 하다가 서너 사람한테 거절을 당하면 '아휴, 내가 뭐하러 이걸 하고 있나.' 하는 좌절감과 허탈감, 불만이 쌓이게 되고 결국 퇴사하는 것이다.

고심 끝에 이 회사의 사장은 좌절감을 잘 처리하고 거절당하는 일을 좌절이 아닌 도전으로 받아들이는 능력이 업무 성과에 더 큰 영향을 미친다는 사실에 착안했다.

회사는 신입사원에게 의례적으로 실시하는 면접시험과 함께 셀리그먼이 제작한 낙관성 척도 검사를 실시했다. 그래서 면접시험에서 탈락된 사람이라도 낙관성 검사에서 높은 점수를 받은 사람이면 기꺼이 채용했다.

1년 후, 낙관성 검사에서 높은 점수를 받은 사람들은 한 사람도 탈락하지 않았다. 뿐만 아니라 영업 실적에서도 비관론자보다 21퍼센트나 높은 업무 향상을 보였다. 그리고 다음 해에는 57퍼센트로 발전시켰다. 인생을 낙관적으로 보는 태도 여하가 성공이냐 실패냐 하는 결과의 커다란 차이를 나타낸 것이다.

대개 낙관주의자는 실패했을 때 그 원인을 극복할 수 없는 선천적인 약점에 두지 않는다. 자신이 변화시킬 수 있는 무엇인가에서 찾는다. 그러한 관점 속에서 실패의 원인은 해결되고 자신감은 강화된다.

정서 지능이 높다는 것이 이렇듯 삶 속에서 다양하게 영향을 미친다는 사실을 연구한 곳이 있다. 미국의 벨 랩(Bell lab)은 세계적으로 유명한 발명 연구소이다. 많은 천재들이 이 연구소의 연구원으로 들어간다. 물론 IQ가 높은 순서로 입사한다. 이렇게 입사한 수천여 명의 연구원들 중에서 회사에 유익한 발명 업적을 내어 출세와 성공의 대로를 달리는 사람들은 과연 어떠한 사람들인지 조사해보았다. 놀랍게도 출세와 성공은 IQ 순이 아니었다. 정서 지능 순이었다.

대개가 그렇듯이 연구소에는 학교에서 제출한 박사 논문의 성적이라든가 연구 업적에 따라 입사한다. 그런데 회사에 입사하고 나서는 어떤가. 연구원으로 들어온 이후 4, 5년 동안에 업적을 내고 회사에서 출세와 승진을 하는 사람은 IQ가 높은 순이 아니라 정서 지능이 높은 순이었다.

그렇다면 어째서 정서 지능이었을까. 입사한 후 독불장군처럼 혼자서 자기 연구실에만 틀어박혀 연구한 사람은 좋은 실적이 나지 않았다. 연구실 사람들과 어울리면서 옆에 있는 동료들의 도움도 받고 아이디어도 얻는 이른바 동료들과의 상호적인 관계가 좋은 사람일수록 훌륭한 업적을 냈다. 다시 말해서 연구소 내에서의 사회적 인기, 요컨대 인기 있는 사람 순서대로 회사에서 업적도 내더라는 것이다. 정서 지능이 사회적 성공과 출세에 지대한 영향을 준다는 사실을 입증하는 사례라고 하겠다.

'나 혼자'의 지적 능력은 실제의 인생에서 시련, 좌절 혹은 변화무쌍한 과정에서 올바른 힘을 발휘하지 못한다. 반면 '더불어 함께', 즉 도덕적 가치관, 긍정적 태도, 인내, 겸손, 상대를 배려하는 마음 등 정서 능력은 자기계발과 사회발전을 동시에 이룰 수 있게 한다.

Tip

- '더불어 함께' 즉 도덕적 가치관, 긍정적 태도, 인내, 겸손 상대를 배려하는 마음 등 정서 능력은 자기계발과 사회 발전을 동시에 이룰 수 있게 한다.
- 이제서야 비로소 도덕적이고 남에게 피해를 끼치지 않으며 자기 동료와 잘 어울리는 사람을 채용하는 것이 회사에 이익이며 최선이라는 인식을 갖게 되었다.
- 낙관주의자는 실패했을 때 그 원인을 극복할 수 없는 선천적인 약점에 두지 않는다. 자신이 변화시킬 수 있는 무엇인가에서 찾는다. 그러한 관점 속에서 실패의 원인은 해결되고 자신감은 강화된다.

5장

정서 능력을 높이기 위한 5가지 전략

자기 자신을 아는 능력-자기인식 전략 | 인생의 어려움을 헤쳐나가는 능력-자기동기화 전략 | 남의 입장이 될 줄 아는 능력-감정이입 전략 | 나를 알고 상대를 아는 능력-대인관계 전략 | 먹잇감이 아닌 포수가 되는 능력-정서조절 전략

자기 자신을 아는 능력
– 자기인식 전략

정서 지능을 공식화한 이는 뉴 햄프셔대학의 심리학 교수인 존 메이어와 예일대학의 교수인 피터 샐로비이다. 그들은 정서 지능의 구성요소를 다음과 같이 다섯 가지로 분류하고 있다.

자신의 정서를 알기, 자기 자신을 동기화시키기, 다른 사람의 정서를 이해하고 공감하기, 대인관계 기술, 자신과 타인의 정서를 조절하기 등이 바로 그것이다. 그중 자신의 정서를 올바로 아는 자기인식은 정서 지능의 핵심어가 된다.

자기인식(Self-Awareness)은 자신의 내적 상태에 대해서 지속적인 주의를 기울이는 능력이다. 자기인식은 다양하게 변화하는 정서들 사이에서 순간순간 감정을 모니터하여 자기 반성적인 생각을 유지시킨다고 골먼은 말하고 있다.

자기인식이 이렇듯 중요한 것은 '내가 지금 느끼는 것은 분노, 수치심, 슬픔 등이다.'라는 자신의 내적 감정 상태의 인식을 통해서만이 자기 감정을 통제할 수 있기 때문이다.

자기 감정을 통제한다는 것은 감정을 무조건 억제한다는 뜻은 아니다. 화가 난다고 느꼈을 때 그와 동시에 화가 난 자신의 감정을 변화시키려는 행동을 하는 것을 의미한다. 단순히 참는 것이 아니라 적절한 사람에게, 적절한 때에, 적절한 정도로, 적절한 목적으로, 적절한 방법으로 화를 내는 것을 말한다. 그러나 이처럼 정서 반응을 적절하게 처리하기 위해서는 자신의 정서에 대한 올바른 인식이 없이는 불가능하다.

예를 들어보자. 요새 소아 비만이나 아동 과체중이 많다고 하는데, 이런 아이들의 특징은 배가 고프지 않아도 음식을 필요 이상으로 먹는다는 데에 있다. 특히 음식을 과도하게 먹는 아동들 중 자신의 정서인식이 낮은 경우가 대부분이다. 즉 심리적으로 불안하거나 화가 나거나 무엇인가 정서적으로 부정적인 상태에 있을 때 음식을 과도하게 섭취하려고 한다는 것이다.

이러한 증상을 정신분석 이론에서는 방어기제의 하나인 퇴행이라고 부른다. 방어기제란 정서적으로 불안하거나 안정되지 않았을 때 무의식적으로 스스로를 보호하기 위해서 작동하는 일종의 방어수단이다. 이중 퇴행은 현재보다 어린 시절의 편안한 상태로 되돌아가려고 하는 행동을 말하는데, 마음이 불안하거나 초조할 때 매우 어린 시절, 즉 갓난아기였을 때로 돌아가서 그저 먹고 자는 행동을 통해 현재의 불안을 잊으려고 하는 것이다.

만약 자기인식을 올바로 하는 아동이라면 마음이 불안할 때 자신이 왜 무엇 때문에 불안한지에 대해 알고 그에 대처를 할 것이다. 또 화가 날 경우 그 화를 해소할 수 있는 올바른 방법을 찾는다. 즉 화나게 만든 친구나 형제에게 혹은 부모에게 자신이 화가 났다는 사실을 알리고 사과를 받거나 아니면 자신의 잘못을 스스로 반성하는 행동을 취하는 것이다.

정서인식은 그 인식자가 어떤 자아모델을 갖고 있느냐가 매우 중요하다. 자아모델의 유형에 따라 자신의 감정을 변화시키려는 행동이 다르게 나타날 것이기 때문이다.

예를 들어, 깊은 산길을 가다가 호랑이를 만났다고 하자. 그러면 극도의 공포감에 사로잡혀 기절해버리는 사람이 있을 것이다. 그러나 만일 그가 호랑이 사냥꾼이었다면 어떠했을까. 순간적으로 공포감은 생길지언정 그는 오히려 흥분할 것이고 포수로서 호랑이를 잡기 위해 더욱 긴장할 것이다.

이처럼 어떤 자아모델을 갖고 있느냐에 따라 자기인식 행동은 다르게 나타난다. '나는 포수이다. 그러니까 아무리 무서워도 참아낼 수 있다.', '나는 이러이러한 사람이다. 그러니까 잘 견딜 수 있다.' 이렇게 자신에 대한 역할을 스스로에게 자각시키고 이를 통해서 자신의 행동을 이끄는 데 결정적인 역할을 하는 것이 바로 자아모델이다. 이 때 '나는 이러이러한 사람이다.'라는 생각이 바로 자아정체감인데, 이것은 자아모델에 따라 자신의 감정을 인식하고 다음 행동으로 감정을 이끌어내는 형태를 달라지게 만든다.

자기인식은 개인의 내적 상태에 대한 지속적인 주의집중을 나타낸다. 정신은 정서를 포함해서 경험 자체를 관찰하고 탐구하는 일을 한다. 자기인식 능력은 그 경험하는 것을 관찰하는 자아이다. 자신에게 부딪혀오는 변화무쌍한 정서들 가운데 자기반성을 유지시키는 중립적인 관찰자인 셈이다.

감정에 대한 인식과 그것을 변화시키려는 행동은 나란히 일어난다. 이를테면 화가 난다는 자기정서의 인식은 이러한 정서로부터 벗어나고자 하는 의지도 동시에 내포하는 것이다. '내가 느끼고 있는 것이 분노'라는 인식은 단지 분노의 감정에 따라 행동하지 말아야겠다는 의지에서 그치지 않는다. '어떻게 하면 이 분노로부터 벗어날 수 있을까?' 하는 자기 노력도 내포한다.

메이어는 사람들이 자신의 정서에 집중하거나, 그 정서를 다루는 데 있어 각기 상이한 태도를 보이는 것을 발견하고 다음의 세 가지로 구분했다.

첫째, 자기인식(Self-Awareness)형이다. 자신이 가지고 있는 기분을 인식하는 유형으로서 정서 생활을 다루는 능력이 세련되고 정교화되어 있다. 이 유형에 속하는 사람들은 자신의 한계에 대해 확실히 알고 있으며, 심리적으로 건강하고 인생에 대해 긍정적인 견해를 가지고 있다.

둘째, 몰두(Engulfed)형이다. 자신이 느끼는 감정에 압도당하여 그 감정에 휩싸이는 유형이다. 자신이 압도당하고 있는 기분에서 벗어나고자 노력하지 않으며 자신의 정서 생활에 대한 통제력이 없다.

셋째, 수용(Accepting)형이다. 자신이 느끼는 감정이 무엇인지 인식하고 그대로 수용하는 유형이다. 나쁜 기분을 느낄지라도 그것에서 벗어나고자 노력하는 것이 아니라 그대로 받아들이고 그저 그러려니 하며 수동적으로 유지하는 것이다. 만성적인 우울증 환자에게서 찾아볼 수 있는 유형이다.

이처럼 자기인식은 자신의 감정을 적절히 통제하고 조절하는 데 기초가 되는 능력이다. 이러한 능력은 지적 능력인 IQ와는 전혀 다른 능력이다. 따라서 아무리 지적이고 사무처리에 뛰어난 사회인일지라도 올바른 자기감정 인식을 하지 못할 수가 있다.

"나는 무슨 이야기를 해야 할지 모르겠다. 나에게는 강렬한 감정, 긍정적이거나 부정적인 감정이 생기질 않는다."라고 말하는 사람이 있다. 정서적으로 무감각 상태에 있는 이러한 사람들은 자신의 내적 정서와 신체 감각 사이의 차이 및 희로애락의 정서 차이를 구별하는 데 큰 어려움을 겪는다. 그들은 비록 사회적으로는 성공했을지 모른다. 그러나 자기감정 인식이 충실하지 않기 때문에 행복감을 느끼지 못하는 경우가 대부분이다. 궁극적으로 정서 지능의 기본 능력인 자기인식 측면이 약한 상태인 것이다.

Tip

- 자기인식은 개인의 내적 상태에 대한 지속적인 주의집중을 나타낸다. 정신은 정서를 포함해서 경험 그 자체를 관찰하고 탐구하는 일을 한다.
- '내가 느끼고 있는 것이 분노' 라는 인식은 단지 분노의 감정에 따라 행동하지 말아야겠다는 의지에서 그치는 것이 아니다. '어떻게 하면 이 분노로부터 벗어날 수 있을까?' 하는 자기 노력의 의미도 내포한다.

인생의 어려움을 헤쳐나가는 능력

– 자기동기화 전략

인생의 과정에서 어떤 어려움에 부딪혔을 때 사람마다 대처하는 태도가 다르다. 어려움을 지혜롭게 극복하고 오히려 그 어려움을 통해 더 크게 성장하는 사람이 있다. 반면, 극복할 능력이 있음에도 불구하고 닥친 어려움에 대한 공포와 좌절감으로 결국 실패하고 마는 사람도 있다. 이러한 태도의 차이는 이성적 능력에 있는 것이 아니라 정서 지능의 능력에 관계된 것이라고 심리학자들은 말한다.

이 때 어려움을 무릅쓰고 계속 노력할 수 있는 정서 능력을 자기동기화(Self-Motivation) 능력이라고 한다. 여기에는 집중력, 만족지연 능력, 낙관성 등이 포함된다.

집중력은 주어진 일을 지속적으로 해나가기 위해 없어서는 안 될 중요한 요소이다. 아무리 능력이 뛰어나더라도 집중력이 부족하면 효과적으로 과제 수행을 할 수 없다. 공부를 잘 하지 못하는 아동들의 대부분은 집중력이 현저히 떨어지는 것을 볼 수 있다. 이들은 수험 공부를 할 때에도 공부 자체에 몰입하는 것이 아니라 수험 자체에 대해 걱정하고 고민하느라고 시간을 허비하기 일쑤다.

이들의 집중력을 키워주려면 가정이나 학교에서 그들이 흥미를 느끼는 분야가 무엇인지 알아볼 필요가 있다. 아이의 타고난 소질과 개성을 살려주고 약점을 보완해주는 전략이 필요한 것이다.

긴장된 집중은 대뇌피질의 각성을 증가시킨다. 이러한 상태에 있는 사람들은 즉시 자신이 해야 할 일에 몰입하고 일상의 작은 일들은 완전히 잊어버린다. 창의적인 결과물도 이러한 단순한 몰입 상태에서 이루어진다.

일례로 화가가 그림을 그릴 때 '이 그림이 잘 그려질까?', '비평가들은 뭐라고 할까?', '얼마에 팔릴까?' 등을 고민한다면 어떻게 되겠는가? 그런 상태에서는 정말 좋은 그림을 그릴 수 없을 것이다.

만족지연 능력도 자기동기화를 이루는 결정적인 요소이다. 원래 '정서'라는 단어 자체의 의미는 '움직이는 것'이다. 정서 자체는 충동적이며 계속 변화는 것이다. 만족지연 능력은 그러한 정서에 따라 행동하지 않고 자기인식에 의해서 일시적 정서 충동을 극복할 수 있는 능력을 말한다.

미셸의 실험에서도 알 수 있듯이 네 살 때 마시멜로에 대한 유혹을 잘 참아냈던 아이들은 청소년이 되었을 때 사회적으로 더 유능했다. 인성적으로 훌륭했고 자기주장이 확실했으며 삶의 좌절도 잘 극복했다. 그들은 스트레스를 받는 상황에서 잘 견뎌냈으며 퇴행이나 위축된 행동이 적었다. 또한 삶의 어려움에 봉착했을 때 포기하기보다는 정면으로 도전하는 경향을 보였다. 그들은 자기신뢰적이며 자신감이 넘쳤고 독립적이며 일을 해나가는 과정에서 주도적이었다.

이 실험에서 네 살짜리 아동이 어떻게 반응했는가의 검사 결과가 IQ보다 2배 정도 더 정확하게 아이들 앞날의 성공을 예언해주었다.

셀리그먼의 낙관성 척도 검사도 정서 지능의 구성 요소 가운데 매우 중요한 비중을 차지한다.

정서 지능의 관점에서 보면 희망을 가지고 있다는 것은 어려운 도전이나 장애에 대해 불안해하거나 패배주의적인 태도로 우울해하지 않고 희망을 포기하지 않는다는 뜻이다. 정서 지능이 높은 사람들은 열정과 기쁨으로 스스로를 동기화하며 자신의 목표를 달성하는 데 필요한 방법들을 쉽게 이끌어낸다. 또한 힘겨운 상황에서도 잘 될 것이라는 긍정적인 생각으로 자신감을 잃지 않으며, 어려운 과제는 자신이 다룰 수 있는 작은 과제로 나누어 해결할 줄 안다.

이 때 성격이 긍정적인지 부정적인지는 타고난 기질에 관계된다. 그러나 타고난 부정적 기질도 경험 학습에 의해 낙관주의 성격으로 바뀔 수 있다. 낙관적인 사람들은 실패에 눌러 앉는 것이 아니라 오뚜기처럼 굳건히 일어선다. 그들은 잘못된 일에 대해 걱정하기에 앞서 그 해결 방안을 찾는다.

낙관적인 태도와 비관적인 태도의 특징을 살펴보자. 낙관적인 사람은 실패를 변화될 수 있는 것으로 보고 다음에는 꼭 성공할 것이라고 확신한다. 반면 비관적인 사람은 그 실패를 자신의 탓으로 돌릴뿐더러 변화되지 않는 지속적이고 영구적인 것으로 여긴다.

사람이 비관적으로 될 때에는 매우 부정적인 정서 상태인 우울감에 사로잡힌다. 사실 우울은 단순한 감정 상태가 아니다. 특정한 사고방식의 결과이다. 사람이 우울이라는 정서에 빠지게 되면 우선 불안해지고 더욱 비관적이 된다. 만사가 절망스러워 보이고 아주 단순한 문제도 어려운 일로 느껴진다. 그러므로 비관적인가 낙관적인가의 태도 차이는 자기동기화의 가장 중요한 요소라고 하겠다.

삶의 목표를 향해 자신의 정서를 긍정적으로 동기화할 줄 아는 사람은 이미 사회적으로 성공했다고 말할 수 있다. 이들에게는 어떤 난관에 부딪혀도 뚫고 나갈 확고한 자기 의지가 있기 때문이다.

Tip

- 정서 지능이 높은 사람들은 열정과 기쁨으로 스스로를 동기화하며 자신의 목표를 달성하는 데 필요한 방법들을 이끌어낸다.
- 낙관적인 사람은 실패를 변화될 수 있는 것으로 보고 다음에는 꼭 성공할 것이라고 확신한다. 반면 비관적인 사람은 그 실패를 자신의 탓으로 돌릴뿐더러 변화되지 않는 지속적이고 영구적인 것으로 여긴다.

남의 입장이 될 줄 아는 능력

– 감정이입 전략

울며 빵을 먹어본 사람만이 타인의 배고픔을 이해한다는 말이 있다. 공감은 타인의 생각이나 느낌을 대리적으로 느끼는 능력으로 자신의 정서 체험에 의한 인식에서 출발한다. 자신이 몹시 배가 고파서 고통스러웠던 정서 체험을 통해 타인의 입장에 감정이입하여 남의 배고픔도 느끼게 된다. 또한 자신의 먹을 것을 나누어주는 배려된 행동으로까지 나아가게 된다.

이러한 측면에서 다른 사람들의 감정을 내 것처럼 느끼는 능력인 공감은 사회생활에 필수적인 능력이라 할 수 있다. 공감은 인간의 도덕적 판단이나 행동과 그 뿌리를 함께 하고 있다. 타인의 고통에 둔감하다면 그 사람은 공감 능력이 매우 낮다고 할 수 있다.

심리학자 마틴 호프만은 유아기 때부터 인간의 공감이 어떻게 발달해가는지를 연구하여 발표했다. 그는 아기가 넘어져서 울고 있을 때 나타내는 아이들의 반응을 살펴보았다. 한 살배기 유아는 자신도 고통을 느끼는 형태의 반응을 나타낸다. 마치 자신이 넘어져 상처를 입기라도 한 듯 손가락을 빨고 어머니의 무릎에 얼굴을 파묻는다.

두 살배기 유아는 타인의 감정이 자신의 감정과는 다르다는 사실을 어렴풋하게 이해하기 시작한다. 그래서 타인이 실제로 무엇을 느끼는지를 알려주는 단서에 매우 민감한 반응을 보인다. 그리고 우는 아기의 어머니가 아닌 자기 어머니를 데려와 그 아기를 달래주라고 한다.

다섯 살 이후의 유아는 자신을 다른 사람과 구분할 줄 안다. 그래서 다른 아이가 울면 자신의 곰인형을 가져다주든가 등을 토닥임으로써 우는 아이를 달래주려는 시도를 한다.

아동기 후기부터는 가장 발달된 수준의 공감이 나타난다. 이 때가 되면 아동은 고통의 감정을 알게 된다. 그리고 고통의 근원이 되는 삶의 조건이라든가 상황을 인식하게 된다. 이러한 인식이 가난한 사람이나 억압받는 사람 등 어떤 집단에 대한 연민으로 발전하게 된다.

청소년기가 되면 공감 능력에 바탕을 둔 도덕성이 발달하기 시작하게 된다. 다른 사람의 아픔이나 불행에 대해서 마음 아파하면서 불행이나 불의를 없애겠다는 도덕적 신념이 강한 뿌리를 내리게 된다.

이렇게 발달 단계에 의해 습득하게 되는 공감의 능력은 사회생활과 낭만적인 사랑, 부모의 역할, 나아가 각 직업의 세계에서의 성공적인 활동에 이르기까지 삶이 광범위한 영역에서 중요한 역할을 한다.

한편으로 '이성 능력이 뛰어나야 공감을 잘 할 수 있지 않을까?' 하는 의문이 머리를 들지 모른다. 도덕적인 신념은 이성 능력에 기초할 것 같은 생각 때문이다. 그러나 공감이야말로 정서 지능에 포함되는 능력이라는 사실이 많은 연구를 통해 이미 밝혀졌다. 정서 지능은 상대방의 감정을 언어 표현 이전에 목소리의 톤이라든가, 얼굴 표정, 몸짓 등을 통해 직관적으로 알게 되는 능력인 것이다.

신경학 연구에 의하면 공감은 생물학적으로 타고나는 뇌의 능력이다. 전두엽 우측 영역 부위에 심각한 손상을 보이는 환자의 경우 냉담하고 변덕스러우며 기괴한 성격의 소유자라고 한다. 또한 그들은 비록 지적인 능력이 뛰어나다 하더라도 사람들의 목소리 톤에서 정서적 메시지를 읽어내지 못한다고 한다. 때문에 상대방이 고마워서 "감사합니다."라고 하는 것과 비꼬듯 "아주 감사합니다."라고 말하는 말투의 가락을 구분하지 못한다. 편도체와 신피질 사이의 회로가 특정한 정서적 의사전달을 읽어내는 데 얼마나 중요한 역할을 하는지 보여주는 예라고 하겠다.

이 외에도 원숭이를 이용한 또 다른 연구 결과가 있다. 야생의 원숭이를 잡아다가 편도체와 신피질 사이를 절단했다. 그러고 나서 원숭이를 다시 풀어주었다. 이 원숭이는 먹이를 찾고 나무를 오르는 등 일상적인 일을 하는 데는 아무런 이상 행동을 보이지 않았다. 그러나 자신의 무리 속에 있는 다른 원숭이에게 어떻게 정서적으로 반응해야 하는지에 대한 감각을 잃어버렸다. 요컨대 다른 원숭이가 다가올 경우 공격을 하기 위해 다가오는 것인지 친근감을 표현하기 위해 다가오는 것인지를 구분하지 못했던 것이다. 이 원숭이는 다른 원숭이가 접근하면 무조건 도망을 다니곤 했다. 결국 원숭이 무리에서 동떨어져 혼자 생활할 수밖에 없었다.

이러한 사실을 통해 뇌는 처음부터 특정한 얼굴 표정에 반응하도록 회로가 계획되어 있다는 것을 알게 된다. 즉 공감은 생물학적으로 주어진 생존 능력의 하나이다.

하버드대학의 심리학자인 로버트 로젠탈이 개발한 비언어 민감성 검사(Profile Of Nonverval Sensitivity : PONS)는 사람들의 공감 능력을 측정하는 검사이다. 피험자들에게 분노, 애정, 질투, 감사, 유혹 등의 감정을 드러낸 젊은 여성의 얼굴 사진을 보여 준 후, 그 사진에 나타난 감정을 판단하게 한다. 이 검사 결과 점수가 높게 나온 사람이 정서적으로 잘 적응하고 과제 수행이나 대인관계에서도 더 크게 성공하는 경향이 확인되었다.

반대로 공감 능력이 결여되어 있으면 사회생활에 적응이 어려우며 쉽게 비열한 범죄 행위를 저지를 수 있다. 유괴범이나 유아 강간범, 그리고 상습적으로 가족에게 폭행을 휘두르는 사람은 공감의 능력이 크게 떨어진다고 한다. 자신의 희생자가 고통 받는 것을 느끼지 못함으로써 그들은 범죄를 저지르는 것이다.

실제로 한 범죄 심리학자는 이들 범죄자들을 위한 관점채택치료법을 연구했다. 그 심리학자는 "범죄의 희생가가 된 사람과 공감대가 형성될 때 범죄자의 관점이 달라진다."라고 말한다. 감옥에서 이 프로그램으로 공감 훈련을 받은 성범죄자들은 석방 후 재범률이 훈련을 받지 않은 사람에 비해 50퍼센트나 적었다고 한다.

이처럼 공감은 약자의 편에 서서 도덕적 행동을 하게끔 만드는 동기가 된다. 공감 능력이 높으면 타인의 필요나 욕구를 헤아리고 적절하게 대처함으로써 인기 있고 성공적인 대인관계를 맺게 된다.

Tip

- 신경학 연구에 의하면 공감은 생물학적으로 타고나는 뇌의 능력이다. 전두엽 우측 영역 부위에 심각한 손상을 보이는 환자의 경우 냉담하고 변덕스러우며 기괴한 성격의 소유자라고 한다.

- 뇌는 처음부터 특정한 얼굴 표정에 반응하도록 회로가 계획되어 있다는 것을 알게 된다. 즉 공감은 생물학적으로 주어진 생존 능력의 하나이다.

나를 알고 상대를 아는 능력

– 대인관계 전략

가정이 핵가족화 되고 직장 생활도 전문화, 분업화 되다보니 현대인들이 매우 서툴고 힘들어 하는 부문이 있다. 바로 대인관계 기술이다. 얼마 전 발표한 통계자료를 보면, 직장인에게 가장 절실하고 개선되어야 하는 능력으로 대인관계 기술 혹은 원만한 인간관계가 꼽혔다.

한 신문기사에서는 가족 구성원 간에 의사소통이 원만하게 이루어지는 건강한 가족은 전체 가족의 30퍼센트에 불과하다는 통계도 있었다. 가족이 함께 모여 대화하며 서로의 감정과 생각을 나누고 모으는 시간이 절대적으로 부족하다는 사실을 말해주고 있다. 교육적인 측면에서도 매우 우려되는 현실이다. 정서 지능 중 사회생활에서 직접적으로 사용되는 대인관계 기술은 유아기 때에 가정에서부터 교육되고 훈련되는 것이기 때문이다.

대인관계 기술에서 핵심적인 내용은 정서표현이라고 할 수 있다. 여기에서 말하는 정서표현이란 타인과의 상호작용에서 상대방의 권리를 침해하거나 상대방을 불쾌하게 하지 않는 범위 안에서 자신의 욕구나 느낌, 생각 등을 나타내는 것이다. 정서표현의 전략을 언제 사용하는 것이 좋은지에 대한 적절한 적용 시기도 내포하고 있다.

정서표현을 적당한 때에 제대로 할 줄 아는 사람이 바로 대인관계 기술이 뛰어난 사람이다. 그러므로 우리는 정서표현을 해야 할 적절한 시기에 적절한 표현 방식으로 정서표현을 하고 있는가를 측정해볼 필요가 있다.

한 라디오 방송의 강연회에서 필자에게 있었던 일이다. 초등학교 3학년 남자 아이를 둔 학부모가 상담을 해왔다. 감정이 너무 억압되어 있어서인지 아이가 어머니에게조차 마음을 열어보이지 않는다고 했다. 게다가 매사에 짜증을 많이 내는 편이라고 했다. 당연한 결과겠지만 이 아이는 학교에서도 친구관계가 안 좋았다. 그 어머니가 더욱 안타깝게 생각하는 것은 어머니로서의 마음의 준비가 안 된 상태에서 너무 일찍 아이를 낳아 키웠다는 점이다. 혹시 이로 말미암아 육아 방법에 문제가 있지 않았는가 싶어 마음이 아프다는 것이었다.

문제가 있고 없고를 떠나서 지난 일만을 뒤돌아보고 후회만 하는 것은 바람직한 해결 방법이 아니다. 바로 지금, 즉 현재의 교육이 보다 더 중요한 것이다. 위에서 언급한 아이의 경우 낙관성 및 자신감을 불어넣어주는 과정이 필요하다. 이 과정을 거치면 다음 단계로 아이한테 자기의 감정 상태를 이야기해보게끔 유도해야 한다.

예를 들면 '너 그래서 기쁘니, 행복하니, 넌 어떻게 느끼니?'라는 식으로 아이가 자신의 정서를 올바로 인식하도록 도와주는 것이다. 초등학교 3학년 아이라면 숨기는 것 없이 모든 걸 터놓고 어머니한테 이야기하는 기쁨을 아이가 맛보게끔 해주는 것이 좋다. 어머니 또한 아이에게 자신이 가지고 있는 느낌의 세계를 솔직하게 이야기해주는 자세가 필요하다. 그래서 '진실하게 내 감정을 전하니까 엄마도 진실로 날 이해해주는구나, 뭔가 나와 통하는구나' 하는 것을 아이가 스스로 느끼게 해주어야 한다. 이런 감정 상태를 교육심리학에서는 '만남의 기쁨'이라고 한다.

아이가 자기 감정을 드러내지 않는 이유는 감정을 털어놓으면 창피하지 않을까 하는 생각을 갖고 있기 때문이다. 어머니한테까지도 말이다. 불안감 때문이므로 우선 어머니부터 자신의 속마음을 아이한테 털어놓을 필요가 있다. 그렇게 함으로써 아이도 자연스럽게 어머니에게 자신의 속마음을 털어놓게 한다. 아이로 하여금 '엄마하고 나는 하나다'라는 느낌을 갖게 하는 것이다. 아이는 그 느낌을 바탕으로 자신의 감정에 대한 자신감을 얻을 수 있게 된다. 결과적으로 그 자신감은 친구와의 대인관계에도 적용될 것이다. 먼저 어머니가 아이의 감정을 잘 이해하려고 노력하고 아이에게도 어머니의 감정을 이해할 수 있는 경험을 체험하게 해주는 것이 좋다.

어느 어머니는 아이가 뭔가 변명을 할 때에도 아이 말에 귀를 기울여야 하는지 문의해왔다. 그럴 때에도 아이 말을 귀담아 들어주어야 한다. 어른들이 보기엔 변명에 불과하더라도 아이 입장에서는 그 나름대로의 진실일 수가 있기 때문이다. 정말로 그렇게 믿고 있기 때문에 그러한 행동을 하는 것인지도 모른다.

이야기를 하면서 아이 스스로 '아, 그게 아니로구나.' 하고 깨달을 수 있도록 유도하는 것이 중요하다. 자신의 감정에 몰입되어 있는 아이의 변명을 듣고 난 후 어머니는 '넌 그것 때문이 아니라 이것 때문인 것 같구나.'라는 식의 조언을 해줌으로써 아이 스스로가 '아, 그게 아니로구나. 엄마한테 그건 변명으로 비치겠구나.' 하는 감정을 느끼도록 해주는 것이 중요하다. 그리고 그 감정은 엄마와 감정의 교류가 이루어지는 과정에서 느껴지게끔 할 필요가 있다.

이러한 과정을 거쳐 깨달아지는 것이 바로 다른 사람의 정서인식 능력과 정서표현 능력이라고 볼 수 있다. 다른 사람의 반응 방식에 맞추어 자신의 감정을 표현할 줄 아는 것을 의미한다.

타인과 자신이 속한 집단의 요구 알기, 긴장과 갈등 해결하기, 개인들의 감정을 읽고 대응하기, 감정에 적절히 대응하는 행동하기의 과정을 거쳐 대인관계 기술은 단계적으로 발전한다.

Tip

- 정서표현을 적당한 때에 제대로 할 줄 아는 사람이 바로 대인관계 기술이 뛰어난 사람이다. 그러므로 정서표현을 해야 할 적절한 시기에 적절한 표현 방식으로 정서표현을 하고 있는가를 측정해볼 필요가 있다.
- 다른 사람의 반응 방식에 맞추어 자신의 감정을 표현할 줄 알게 되면 대인관계 기술이 발달한다.

먹잇감이 아닌 포수가 되는 능력
– 정서조절 전략

정서 지능에서 의미하는 정서조절 능력은 충동성, 공격성 등의 자기 감정 통제 능력과 다른 사람의 기분을 바꾸어주는 타인 감정 관리 능력을 말한다.

샐로비에 의하면 정서 지능과 관련된 자기조절(Self-management)은 자신의 감정을 균형감 있게 조절할 줄 안다는 것이다. 이 능력도 정서 체험의 자기인식을 기초로 하여 형성된다. 이 때 자기조절의 목적은 정서에 대한 무조건적인 억압이 아니라 정서의 균형이다. 이 정서 지능이 높으면 어려운 상황 속에서 고통의 감정을 느낄 때에도 그대로 좌절하지 않는다. 오히려 그 정서를 바꿀 수 있는 해결 방안을 모색한다. 안정된 정서 상태로 회복하려고 행동하는 것이다. 이러한 정서의 자기조절 능력은 유아기 때 가정에서부터 훈련되어야 한다.

아이들은 가끔 씩씩거리면서 거친 행동으로 화풀이를 하는 것을 볼 수 있다. 아이가 이러한 행동을 하는 경우 부모는 아이로 하여금 화를 다른 방법으로, 이를테면 말로 표현하도록 이끌어줄 필요가 있다. 중요한 것은 아이들에게 화난 것 자체를 나무라지 말아야 한다는 사실이다. 그러나 화를 내지 말아야 할 상황임에도 불구하고 화를 낸다면 그 화내는 이유가 올바르지 않다는 사실을 아이가 구체적으로 깨닫게끔 도와주어야 한다.

화는 자연스러운 것이다. 누구나 화는 낼 수 있다. 그러나 사람에 따라 화라는 정서를 표현하는 방식이 다르다. 그 정서를 얼마만큼 현명하게 잘 다루고 표현하느냐가 중요하다. 아이에게도 좋고 엄마에게도 좋으며 주변에 있는 사람들에게도 좋은 방향으로 화를 표현하는 것이 얼마나 중요한지 아이들에게 가르쳐주어야 한다.

대학생 정도가 되면 자신의 정서 상태를 매우 객관적으로 이해하게 된다. 그렇기 때문에 정서의 자기조절도 가능하게 된다. 하지만 아동의 경우는 다르다. 정서의 충동성에 따라 감정을 쉽게 드러낸다. 그럴 때는 부모가 아이에게 단호한 태도를 보일 필요가 있다. '네가 그렇게 이유 없이 화내는 거 엄마는 싫어한다.'는 사실을 아주 단호하게 표현할 필요가 있다. 물론 체벌로 엄격하게 다스리라는 말이 아니다. '내가 이러한 행동을 하니까 엄마의 태도가 확 달라지네.' 하는 것을 아이로 하여금 느끼게 하여 '이렇게 행동하면 나한테는 손해다.'라는 사실을 어머니의 반응 태도를 통해서 아이가 깨닫도록 해주라는 말이다.

어느 어머니의 경우 자녀에게 인간성 교육을 우선했다고 한다. 오래 참는 것이라든가 감정 제어 등에 치중하게 되었는데 결과적으로 표정 없는 아이를 만든 격이 되었다는 걱정 어린 이야기를 들은 적이 있다. 이 경우도 어머니가 자녀에게 감정을 올바로 처리하는 능력을 제대로 훈련시키지 못해 나타난 결과라고 할 수 있다. 아이에게 그저 참으라고 가르칠 것이 아니라 적절하게 처리하는 법을 가르쳐야 한다.

화가 나면 나는 대로 무조건 폭발시키는 것은 정서 지능의 자기조절에서 매우 미숙한 태도이다. 하지만 일방적으로 감정을 억누르는 것 역시 미숙하다고 할 수가 있다. 감정을 해소시키지 않고 그대로 억누르게 되면 무의식으로 가라앉게 되어 성격을 왜곡시키거나 점차 여러 부적응 행동으로 나타날 수 있다. 위 어머니의 경우 자녀가 감정을 억누른다는 것은 지금 아이가 어머니한테 서운한 감정을 동시에 갖고 있다는 말도 된다.

감정 처리 기술이 발달되어 있는 아이들은 자신의 감정을 누적시키지 않고 화가 나면 어떤 방식으로든 어머니한테 그 감정을 표현한다.

여기서 화를 표현한다는 말은 화풀이의 의미가 아니다. '엄마가 그러시니까 내가 지금 화가 나려고 한다. 어떻게 하면 좋겠느냐.'는 의미가 내포되어 있다. 자기 안에 감정을 쌓아두기 보다는 남에게 전달함으로써 남들이 내 감정에 주목하게 하고 그럼으로써 누적의 방향으로가 아니라 해소의 방향으로 조절하는 것이다. 이것이 정서의 자기조절 기술이다.

화를 그대로 폭발시키는 것은 나쁘다. 그러나 화를 꽁하니 묻어두게 되면 무의식적인 적개심으로 발전하게 되어 그것 또한 바람직한 정서조절 태도가 아니다. 쌓인 감정을 상대방에게 전달해 긍정적인 방향으로 해소해야지, 꾹꾹 참아 무의식적인 적개심으로 발전시키는 것은 잘못된 감정처리 기술이다.

정서조절에는 자신의 기분이나 정서를 바꾸는 자기조절 능력만 있는 것이 아니라 다른 사람의 기분도 전환해줄 수 있는 타인정서조절 능력도 있다. 아이들 중에 엄마가 화가 났거나 기분이 안 좋아 보이면 여러 가지 방법으로 엄마의 기분을 좋게 만들어주려고 하는 아이도 있다. 이러한 행동은 바로 타인정서조절 능력에서 비롯된 것이다. 타인정서조절 능력 역시 정서인식 능력에서 출발한다. 타인의 정서를 정확하게 이해하고 파악할 줄 알아야 관리와 조절을 할 수 있다.

타인정서조절 능력이 높은 아이는 주변에서 인기가 많다. 다른 사람들의 기분을 즐겁게 해주고 유쾌하게 만들어주는 데 싫어할 사람이 어디 있겠는가. 이런 아이들은 주변 사람들이 무엇을 좋아하고 무엇을 재미있어 하는지에 대해서도 잘 알고 있다. 그래서 사람들에게 맞는 기분 전환 방법을 때에 맞게 잘 사용한다.

물론 이러한 능력은 어느 정도 타고나기도 한다. 즉, 태어날 때부터 '눈치'가 발달한 아이가 있다는 말이다. 그렇지만 타인정서조절 능력은 단순히 눈치만은 아니다. 타인을 동기화시켜주는 행동이 뒷받침되어야 하기 때문에 눈치보다는 한층 발달된 능력이라고 볼 수 있다.

요즘은 대개 각 가정마다 자녀가 한두 명꼴이다. 그래서 아이들의 정서조절 능력을 등한시하는 경향이 있다. 아이가 자신의 정서를 통제하지 못하는 경우에도 그것을 올바로 잡아주지 못하고 있다. 아이의 기를 죽이면 안 된다는 잘못된 인식에 의해 아이의 정서를 방치하기 때문이다.

아이는 여러 면에서 미완성이다. 부모는 아이의 좋은 점은 격려해주되 잘못된 점은 반드시 바로잡아주어야 한다. 정서의 자기조절이 미숙한 태도는 아이 본인의 정신 건강에도 해롭다. 특히 성장 후 대인관계 기술에 심각한 장애요인이 된다. 사회적응에 치명타가 될 수도 있다. 이 때문에 지혜로운 훈육이 필요하다.

또한 어릴 때부터 다른 사람들과 어울려서 원만하게 사는 것이 얼마나 중요하며, 그러기 위해서 다른 사람들의 기분을 즐겁게 바꾸어주는 노력도 필요하다는 점을 아이에게 알려주어야 한다. 이러한 중요성에 대해서 아이들은 모르는 경우가 많기 때문이다.

정서조절 능력은 가정에서의 일상생활과 우리의 공동체적인 삶 자체를 안정적이고 편안하게 만들어주는 능력이다. 정서조절 능력은 어릴 때부터 가정에서 훈육되고 학습되어야 한다.

Tip

- 자기조절의 목적은 정서의 억압이 아니라 균형이다. 이 정서 지능이 높으면 어려운 상황 속에서 고통의 감정을 느낄 때에도 그대로 좌절하지 않는다. 오히려 그 상황을 바꿀 수 있는 해결 방안을 모색하여 안정된 정서 상태로 회복하려고 행동한다.
- 쌓인 감정을 상대방에게 전달해 긍정적인 방향으로 해소해야지 꾹꾹 참아 무의식적인 적개심으로 발전시키는 것은 좋은 감정처리 기술이 아니다.

정서 지능 교육 프로그램

1. 미국의 정서 지능 교육 프로그램

미국에서는 오래 전부터 정서 지능의 중요성을 간파하고 많은 학교와 기관에서 정서 지능을 향상시켜줄 수 있는 프로그램을 개발하고 실제적으로 운영하고 있다. 물론 가정에서의 정서교육도 중요시한다. 그러나 가정에서 이루어지는 정서교육은 아무래도 한계가 있기 마련이다. 특히 가정보다 학교에서 제공하는 교육 프로그램들이 보다 구조적이며 효과를 거둘 수 있도록 구성되어 제공되는 측면이 있기도 하지만, 유아기까지는 부모의 절대적인 영향력이 미치다가 학교에 들어가면서 자연스럽게 아이들은 선생님의 영향을 더 많이 받게 되어 학교에서의 정서교육의 효과가 커지는 것이다. 가정에서의 정서교육은 어릴 때부터 형성하여 그 틀을 자리잡아야 하고, 학교에서의 정서교육은 보다 체계적이고 구조를 갖추어 제시함으로써 정서 지능의 틀을 완성해야 한다.

미국의 경우에는 이런 정서교육을 학교에서 공식적인 교육과정으로서 진작부터 실시하고 있는데, 그 이유를 알아보기로 하자. 우선 미국은 빠른 선진 산업사회로 이행하면서 나타나는 다양한 폐해를 겪었다. 인면수심의 범죄, 개인주의로 인한 의사소통의 단절 등이 바로 그 예이다. 특히 우리나라뿐만 아니라 미국에서도 집단따돌림의 문제는 너무도 심각하다. 마음에 들지 않거나 신체적으로나 학업적으로 열등한 아이를 대상으로 아이들이라고 생각할 수도 없을 정도의 끔찍한 괴롭힘을 아무런 죄책감 없이 자행한다.

그 예로 미국의 한 도시의 사립고등학교에서 일어났던 사건을 들어보도록 하겠다. 이 고등학교는 미국의 아이비리그라고 하는 명문 대학교에 많은 학생들을 진학시킨 명문 고등학교였다. 그런데 졸업식을 하루 앞두고 이 학교의 2학년 여학생 중 몇 명이 처참한 몰골로 쓰레기통에서 발견되었다. 팔, 다리가 부러져 있기도 했고, 어떤 여학생은 머리가 깨져서 생명이 위독할 지경이었다. 범인은 바로 다음 날 졸업을 앞둔 3학년 여학생들 중 일부였는데, 모두 이 학교를 졸업하고 바로 아이비리그 대학교에 진학하기로 되어 있었다. 이 학생들은 전부터 못마땅하게 생각했던 후배 여학생들을 졸업하기 전에 손봐주기로 하고 실행에 옮긴 것이었다.

이런 사건들이 너무도 빈번히 일어나는 것에 대한 해법이 바로 정서교육, 즉 정확하게 말하면 정서 능력 교육이다.

미국이 정서 능력 교육을 공식적인 교육과정으로 실시하고 있는 두 번째 이유는 바로 사회에서 보다 적응적으로 살아가고 인간으로서 행복한 삶을 살아가기 위해서 필요한 능력이 바로 정서 능력이기 때문이다. 앞서 살펴보았던 메트로폴리탄 보험회사의 예도 그렇지만, 명문 하버드대학을 졸업한 우등생들이 사회적으로나 가정적으로 행복한 삶을 살지 못했다는 결과에서처럼 진정으로 인생에서 중요한 능력은 성적이 아니라 바로 정서 능력이라는 것을 깨달았기 때문일 것이다.

그렇다면 미국 학교에서 실시되고 있는 정서교육 프로그램은 과연 어떤 것이 있을까. 대표적인 프로그램을 몇 가지 예로 들어보도록 하겠다.

우선, 정서 능력 프로그램으로서 가장 먼저 알려진 것으로 자아탐구(Self-science) 프로그램이 있다. 이 프로그램은 미국 뉴에바초등학교 전체에서 실시하고 있는 것으로 일주일에 두 번씩 정규 수업으로 진행되고 있다. 국어, 영어, 수학 과목 수업을 하듯이 정서 능력 수업을 하고 있다. 제목에서도 알 수 있듯이 초등학생들이 자기 스스로에 대해서 들여다보고 자신을 이해하며 정서 능력을 발달시키는 데 핵심적인 내용이 있다.

이 프로그램에 포함되어 있는 수업 내용은 다양하다. 자신의 감정의 변화에 대해 써보는 '감정 일기 쓰기' 활동부터 사람들과 원만하게 잘 지낼 수 있도록 하는 데 결정적인 역할을 하는 '의사전달' 활동까지 다양하게 구성되어 있다. 이 프로그램에 참여한 뉴에바초등학교에서는 집단따돌림 문제와 대인관계로 인해 발생하는 문제가 해결되었다고 한다.

두 번째 프로그램은 대안적 사고 전략 향상 프로그램으로 이른바 패스(PATHS) 프로그램이라고 한다. 이 프로그램은 비교적 많은 학교에 보급되고 있는 정서 능력 교육 프로그램으로서 유치원부터 고등학생에 이르기까지 모두가 적용되는 프로그램이다. 특히 흥미로운 점은 이 프로그램이 일반 학생과 장애 학생이 모두 참여하게 되어 있는 일종의 통합교육 프로그램이라는 점이다. 이 프로그램에 장애 학생이 참여하는 이유에 대해서 추론해보면 아마도 장애 학생의 아픔이나 불편함 등에 대한 공감 능력을 발달시키는 데 도움이 되기 때문일 것으로 생각된다. 이 프로그램에 참여한 학생들은 실제로 공감 능력이 발달했으며, 학교에서의 공격적 행동이나 학교 폭력 등이 많이 줄어들었다고 한다.

다른 어느 나라에 비해 미국에서의 정서 능력 교육 프로그램의 효과가 확실하게 나타나는 이유는 학교 수업으로서 활용되기 때문이다. 그것도 방과후 프로그램이나 재량 활동이 아닌 정규 교육과정으로서 학생들에게 정식 수업으로 적용되기 때문에 훨씬 더 진지하게 받아들일 수 있는 것이 아닌가 싶다.

2. 학교에서의 정서 지능 교육 프로그램

정서 지능 교육은 어떻게 해야 가장 효과가 클까? 일단 교육적 노력을 실시했다면 무엇보다도 그 효과가 충분히 나타나야 한다. 아동들이나 청소년을 대상으로 하여 교육의 효과를 보기 위해서는 무엇보다 또래들과 어울려서 가장 많은 시간을 보내는 곳에서 실시하는 것이 좋다. 정서 지능 교육은 교과서의 단어나 수학공식을 외우는 것처럼 해서 이루어지는 것이 아니다. 아이들의 정서가 녹아있고 갈등이 있는 생활 속에서 직접 몸으로 부딪혀야 제대로 학습을 하게 되는 것이다.

사람마다 얼굴 생김새가 다르듯이 같은 상황에 대해서 느끼는 정서의 강도와 뉘앙스가 너무도 다르다. 친구가 책을 빌려갔다가 돌려주는 것을 잊어버렸을 때 어떤 아이는 "너, 왜 약속을 지키지 않냐. 그렇게 하면 어떡하냐?"면서 버럭 화를 낼 수도 있고, 어떤 아이는 그저 돌려주기만을 기다릴 수도 있다. 이렇듯 사람마다 감정의 차이가 있기 때문에 교과서처럼 외우기만 한다면 교과서에서 말해주지 않는 더 많은 다양한 상황에 대한 대처를 못하게 될 것이다.

그리고 아이들의 생활 속에서 겪게 되는 문제 상황이나 갈등을 직접 몸으로 부딪혀 해결한다면 머릿속에 도장을 찍은 것 같은 기억으로 남아 다시는 잊지 않고 자신만의 능력이 될 것이다.

그렇다면 가장 중요한 것은 무엇인가? 바로 아이들끼리 어울려서 프로그램에 접해 보는 것이다. 아이들끼리 가장 많은 시간을 같이 보내는 곳은 바로 학교이다. 그러므로 학교에서 정서 능력 교육을 실시한다면 우리가 생각하는 것보다 훨씬 더 바람직한 결과를 이끌어낼 수 있을 것이다.

그렇지만 불행하게도 학교에서 실시하는 정서교육 프로그램을 그리 쉽게 찾을 수는 없다. 아마도 그 이유는 대부분의 학교가 정규 교육과정에 따라야 하고, 여러 가지 행정적인 문제 때문이라고 짐작된다. 그나마 인성 교육 지정 학교에서나 방과후 프로그램 등의 이름으로 여러 가지 프로그램이 진행 중인 것으로 알고 있으나, 정서교육이나 정서 지능 교육을 위한 프로그램은 많지 않다고 본다.

현재까지는 유치원에서 가장 활발하게 정서교육을 실시하고 있는데, 유치원은 학교보다는 교육과정이 자유롭고 교사가 주도할 수 있는 재량활동의 폭이 크기 때문이다.

그렇다고 학교용 정서교육 프로그램이 전혀 없다고 볼 수는 없다. 학교에서 활용할 수 있는 정서 지능 교육 프로그램으로 필자가 개발하고 실시한 '초등학교에서의 정서 지능 프로그램 연구'가 있다. 이 연구는 서울대학교 사범대학 부설 교육행정 지도자과정 '현장교육탐구'의 일부분으로서 일선 학교 교장 선생님의 도움을 받아 전국 10여 개 초등학교의 6학년 학생을 대상으로 연구된 프로그램과 활동을 학교 현장에서 직접 실시해보는 것이다.

이 연구에서 활용된 초등학교용 정서 지능 프로그램 중 대표적인 활동을 하나 소개하자면, '정서 지능 출석부'가 있다. 이 프로그램은 정서 지능의 영역 중 정서인식과 표현 영역을 향상시켜주기 위한 프로그램 활동으로 출석부를 부르는 시간인 아침 조회 시간이나 종례 시간에 프로그램을 실시했다. 이 프로그램을 위해서 특별히 필요한 활동 자료는 '감정조견표'이다.

감정조견표는 다양한 감정과 기분의 단어들로 구성되어 있으며 빈칸은 더 추가할 단어를 적기 위해서 비워놓은 것이다. 감정조견표를 매일 가지고 다니도록 아이들에게 숙지하는 것이 중요하다.

그러면 이 감정조견표를 이용해서 어떻게 프로그램을 실시하는 것일까?

일단 어떤 프로그램이든지 일정하게 지속적으로 실시하는 것이 가장 중요하다. 그러므로 아침 조회 시간이나 종례 시간 중 언제 프로그램을 실시할 것인가를 학생들과 의논하여 결정하고 매일 빼놓지 않고 실시한다. 조회 · 종례 시간에는 담임선생님이 아이들의 이름을 부른다. 그 때 아이들은 "네"라는 대답과 동시에 감정조견표를 보면서 "○○번입니다"라고 자신의 감정과 기분을 정확하게 나타내는 감정의 번호를 부른다.

그렇다면 이러한 '정서 지능 출석부'를 활용하면 어떤 능력이 향상될까?

첫째, 아동들은 자신들의 감정과 기분을 들여다보면서 명확하게 말 할 수 있는 정서인식 능력과 정서표현 능력이 향상된다. 매일 아침마다 상황에 따른 자신의 기분과 감정을 들여다보는 활동을 반복하다 보면 자신을 들여다보는 능력이 분명 향상되고 발달할 것이다. 실제로 '정서 지능 출석부' 활동을 해본 초등학교 6학년생들에게 정서인식 능력의 향상 정도를 검사해본 결과, 이 활동에 참여한 아동들의 90% 이상이 정서인식과 표현 능력이 향상된 것으로 나타났다.

둘째, 아동들은 자신 이외의 반 친구들의 감정과 기분에 대하여 유추해보고, 공감해보는 능력이 향상된다. 친구들이 옆에서 감정과 기분의 이름을 밝히면 그것을 듣는 다른 아동들은 그런 감정과 기분을 느끼게 된 이유에 대하여 유추해보고 친구의 기분과 감정을 이해해보려고 함으로써 감정이입 능력이 향상된다. 감정이입 능력의 향상은 원만한 대인관계 기술의 발달과 도덕적인 마음의 발달의 기초가 되게 하는 마음이다.

학교에서 우리 아이들은 자신의 또래들과 가장 많은 시간을 보낸

감정조견표

다음 중 자신의 현재 감정을 정확히 표현하고 있는 말은? (   )번

자신에게 해당하는 감정이 없으면 추가로 써 넣을 수 있다

1.	행복하다	22.	야릇하다
2.	즐겁다	23.	아프다
3.	기쁘다	24.	홀가분하다
4.	답답하다	25.	피로하다
5.	안타깝다	26.	지긋지긋하다
6.	외롭다	27.	지루하다
7.	우울하다	28.	허전하다
8.	짜증난다	29.	그립다
9.	서운하다	30.	밉다
10.	심통난다	31.	진지하다
11.	슬프다	32.	차분하다
12.	화난다	33.	담담하다
13.	두렵다	34.	의욕이 느껴진다
14.	무섭다	35.	불안하다
15.	창피하다	36.	공격적이다
16.	죄책감이 든다	37.	따분하다
17.	걱정이 많다	38.	설렌다
18.	섬뜩하다	39.	귀찮다
19.	신난다	40.	
20.	가슴이 두근거린다	41.	
21.	질투가 난다	42.	

다. 아이들과 밥을 먹고 이야기하고 공부하고 놀기도 한다. 그런데 이렇게 많은 시간을 함께 보내는 아이들 간에 문제가 생긴다면, 문제를 겪고 있는 아이는 얼마나 괴로운 심정일까? 이런 이유에서뿐만 아니라 일반적인 인간관계 기술을 익히기 위해서, 아이들은 학교에서 서로의 감정을 이해하고 조절할 수 있는 능력이 키워진다는 점에서 정서교육 프로그램은 필요하다.

3. 부모와 자녀가 함께 하는 〈정서 지능 다이어리〉

프로이트는 "아이는 어른의 거울이다."라고 말했다. 부모 역할의 중요성을 의미하는 말이다. 자녀의 미소나 웃는 모습을 가만히 보고 있으면 아이는 웃는 모습까지 부모를 보고 학습하여 자신의 것으로 만들고 있음을 알 수 있다. 이것이 바로 부모의 영향력이다. 부모의 부지불식간 행동이 어느 순간에 아이의 행동이 되어 있다.

얼마 전 필자와 가까운 지인이 어이가 없어 하면서 이야기했다. 요새 여러 일이 겹치고 집안일도 많아서 자신도 모르는 사이 "아, 피곤해, 정말 피곤하다."라는 말을 입에 달고 살았다고 한다. 실제로 너무도 피곤했기 때문에 한 말이었다. 그런데 어느 날, 유치원생 딸에게 방 정리를 하라고 이야기하자 "아, 피곤해, 정말 피곤하다."라고 말하는 것을 듣고 어이가 없기도 하거니와 자신이 부끄럽기도 했다는 것이다.

이는 교육심리학에서 말하는 모델링이다. 부모가 바로 모델이 되고 아이는 부모라는 모델의 행동을 열심히 관찰하고 있다가 그대로 행동으로 옮긴다.

미국의 유명한 심리학자 반두라(Bandura)는 모델링의 강력함을 실험했다. 그는 일곱 살 정도 되는 아이에게 비디오를 시청하게 했다. 그 비디오에서는 아이 하나가 커다란 인형을 발로 걷어차고 마구 때려눕히는 장면이 계속해서 나왔다. 그리고 나서 방안에 비슷한 인형을 갖다 놓고 아이 혼자 방안에 두고 카메라를 통해 밖에서 아이의 행동을 관찰했다. 주변에 아무도 없자 아이는 비디오에서 보았던 행동을 그대로 재현했다. 즉 발로 차고 주먹으로 연신 인형을 두들겨댔다.

이 아이는 단 몇 분 동안 비디오를 보고 이러한 행동을 그대로 모방했는데, 하물며 매일 가장 많은 시간을 함께 보내는 부모의 행동을 모방한다는 것은 너무도 당연한 일일 것이다.

아이는 부모도 모르는 사이에 부모를 관찰하고 부모의 행동과 말을 학습하며, 부모를 닮아간다. 그러므로 부모는 절대로 아이 앞에서 함부로 행동하면 안 되며 매사에 조심스럽게 처신해야 한다. 이것이 바로 가장 기본적인 가정교육이다.

부모가 화가 났다고 해서 누군가를 공격하고 가족에게 화풀이를 하는 것을 보여주면 아이는 어느새 친구들에게 똑같이 행동할 뿐만 아니라, 평생 자신의 정서조절을 제대로 할 줄 모르는 사람이 될 수도 있다. 부모가 현명하고 적절하게 정서를 조절하는 모습을 보여주고 평소에도 가족들의 기분을 배려하려고 노력한다면 아이는 어느 새 지혜롭고도 사랑스러운 정서조절 능력자가 되어 있을 것이다. 부모가 정서 지능의 모델이 되는 것이 가장 근본적이면서 기본적으로 할 수 있는 정서 교육 프로그램이 된다.

부모는 자녀의 정서 지능을 높일 수 있는 가장 좋은 교사가 될 수도 있다. 그렇다면 어떻게 해야 할까?

곽윤정 교수가 개발한 〈정서 지능 다이어리〉를 활용해보자. 〈정서 지능 다이어리〉는 일종의 정서 지능 교육 프로그램이라고 볼 수 있다. 앞에서도 설명한 바와 같이 자녀의 정서 지능을 높이기 위해서는 부모와 자녀가 함께 하는 참여하는 것이 좋다. 그래서 〈부모를 위한 정서 지능 다이어리〉와 〈어린이를 위한 정서 지능 다이어리〉가 모두 필요하다.

부모용 정서 지능 다이어리는 성인인 부모를 위한 내용이다. 일단 부모의 정서 지능을 진단해봄으로써 현재 수준을 정확하게 이해하는 것이 첫 단계이다. 그리고 나서 정서를 이해하고 인식하는 활동, 감정이입을 높이는 활동, 정서표현을 높이는 활동, 정서조절을 실천해보는 활동에 참여하도록 한다. 〈정서 지능 다이어리〉에는 가계부를 쓰고, 일상적인 다이어리를 쓰듯이 부모가 매일 자신의 생활을 들여다보면서 '오늘 나도 모르게 감정을 통제하지 못하고 화풀이를 하지는 않았나?', '오늘 아이에게 혹은 배우자에게 감정의 표현을 적절하게 잘했나?', '오늘 훌륭하게 해낸 정서조절 전략은 무엇인가?' 등을 적어보는 활동도 포함되어 있다.

수학 실력이 하루아침에 좋아지지 않는 것과 같이 정서 능력도 한 번 다이어리를 썼다고 해서 발달하는 것이 아니다. 하나의 정서조절 전략이 완전하게 자기 것으로서 내면화되는 데는 최소한 6개월의 시간이 걸린다. 그러므로 꾸준히 매일 〈정서 지능 다이어리〉를 사용해야 높은 정서 지능의 소유자, 정서 능력이 뛰어난 부모가 되는 것이다.

어린이용 정서 지능 다이어리도 마찬가지다. 자녀의 정서 지능을 진단해보는 활동을 시작으로 정서 지능의 하위 구성요소인 정서인식 능력, 정서표현 능력, 감정이입 능력, 정서조절 능력, 정서활용 능력을 향상시켜줄 수 있는 활동을 해보는 것이다. 부모용과 마찬가지로 매일 다이어리에 정서 지능을 높이기 위해서 했던 노력과 활동 등에 대해 적어보도록 되어 있다.

공부를 잘 하는 아이들의 특징은 공부하는 습관이 몸에 배어 있다. 마찬가지로 정서 능력이 뛰어난 사람들은 정서 지능을 연습하고 끊임없이 자신의 행동을 반성해보고 개선하려는 습관이 몸에 배어 있다.

아이가 높은 정서 지능을 갖기를 바란다면, 부모가 먼저 정서 지능을 높이기 위한 노력을 하는 모습을 일상적으로 보여주어야 할 것이며, 매일 공부하듯이 정서 지능을 높이기 위한 연습을 해야 함을 강조하는 바이다.